U0176167

疯狂科学

超有趣的进化

［英］格伦 · 墨菲 著　［英］迈克 · 菲利普斯 绘

全宣蓉 译

中国水利水电出版社

www.waterpub.com.cn

· 北京 ·

内 容 提 要

本书系统讲述了生命进化的每个节点发生的事。首先探讨了生命是什么，接着讲述了从无脊椎动物到脊椎动物的进化历程，详细介绍了鱼类、两栖动物、爬行动物和哺乳动物各自的特征。孩子可以从中知道生命进化的历程，感受生命的伟大。

图书在版编目（CIP）数据

疯狂科学 : 超有趣的进化 / (英) 格伦·墨菲著 ; (英) 迈克·菲利普斯绘 ; 全宣蓉译. -- 北京 : 中国水利水电出版社, 2021.11

书名原文: Evolution: The Whole Life on Earth Story

ISBN 978-7-5226-0261-5

Ⅰ. ①疯… Ⅱ. ①格… ②迈… ③全… Ⅲ. ①生物－进化－普及读物 Ⅳ. ①Q11-49

中国版本图书馆CIP数据核字(2021)第237111号

Evolution: The Whole Life on Earth Story
"This edition published 2014 by Macmillan Children's Books a division of Macmillan Publishers Limited"

北京市版权局著作权合同登记号：图字 01-2021-5730

书 名	疯狂科学：超有趣的进化 FENGKUANG KEXUE: CHAO YOUQU DE JINHUA
作 者	[英] 格伦·墨菲 著 全宣蓉 译
绘 者	[英] 迈克·菲利普斯 绘
出版发行	中国水利水电出版社 （北京市海淀区玉渊潭南路1号D座 100038） 网址：www.waterpub.com.cn E-mail：sales@waterpub.com.cn 电话：（010）68367658（营销中心）
经 售	北京科水图书销售中心（零售） 电话：（010）88383994、63202643、68545874 全国各地新华书店和相关出版物销售网点
排 版	北京水利万物传媒有限公司
印 刷	天津旭非印刷有限公司
规 格	146mm×210mm 32开本 5印张 130千字
版 次	2021年11月第1版 2021年11月第1次印刷
定 价	42.00元

目录

什么是生命？

哦！这真是个大问题呀！我不一定能解释清楚。仔细想想，其实我自己可能还没搞明白呢。

等等！那我们来分析一下吧。生命是和生物进化息息相关的，而生物都是会进化的，对吧？那在最开始的时候，活着的生物又是如何产生的呢？生命到底是什么呢？

哎呀，这可是个好问题！生命在某些方面依然是一个未解之谜。我们都知道，地球上的生命体产生于36亿年前，也就是地球形成的10亿多年以后。

10亿多年后才开始创造生命？地球倒真是不紧不慢的。

可以这么说，不过自打开始创造生命之后，可就是一路狂奔了。

这是什么意思？

我们都知道最初的生命是结构非常简单的微生物，就像一个由几种化学物质组成的脂肪球一样。然后生命就发展得越来越多样，从海草、鲨鱼到树木、伞菌、霸王龙，等等。几百万年以后，地球上就有了大型的哺乳动物，比如猴子和猿。没过多久，人类就出现了。

地球上的生命从最开始在浑浊海面上漂浮的脂肪球进化成了农民、艺术家、工程师、科学家、哲学家和明星。不错吧？

一些科学家提出，最早一批出现的这些生物是不是表示着生物的进化从细菌发展到现在往前迈了一大步？我觉得应该不是。

哇！这可是很大的飞跃呀！

你也可以这么说。不过，我们还需要记得，从细菌到小甜甜布兰妮[1]可是十分艰难地发展了好几十亿年。经过数百年的生物学（研究生命的学科）研究，我们才大概确定了生物进化是怎么一回事，又是经历了多久完成的。生物从简单到复杂的进化经历了一系列的小阶段，这每一个阶段都发展了好几百万年。生命的出生、死亡以及过程当中发生的自然变化决定了生物发展的走向。

小知识——什么是生物学？

生物学实际上就是关于生命的研究（或科学）。人类一直以来都在观察和研究野生动植物。但是现代生物科学却是直到17或18世纪才开始的。

我们人类最早的祖先通过观察身边的自然环境来学习哪些植物可以食用，哪些不能。他们还总结出了如何捕食大型动物。

[1] 美国著名流行歌手。

长此以往，通过一系列的试验，他们开始把动物当作食物，并且会在住所附近种植植物（这就是农耕时代的开端）。

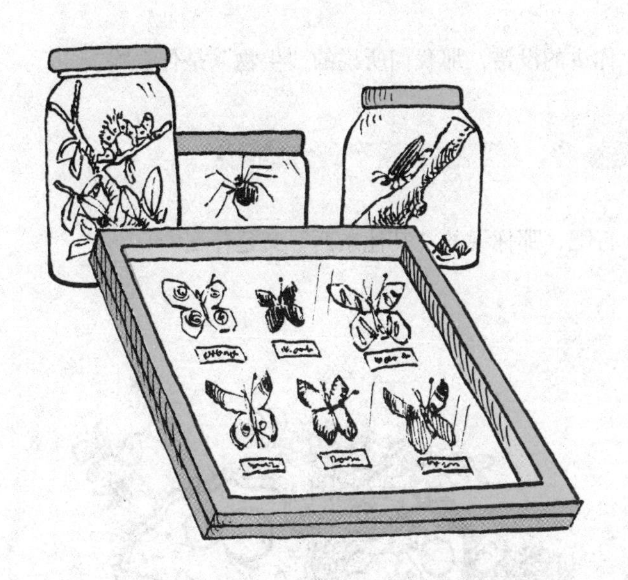

几百年前，有一群自称是自然主义者或自然哲学家的业余生物观察收集者开始制作生物标本。他们在日记本里画上精美的生物素描图，并给这些生物分类、命名。他们也会解剖生物的尸体来研究它们的身体是怎么组合在一起的，他们时不时地还会提出一些关于某种生物的外表或行为是如何形成的理论。

到了19世纪，对于自然世界的研究从一个拿来打发时间的爱好变成了正式的科学。真正的生物学（或者可以说真正的科学研究）不仅仅在于观察或收集，更是关于思考、试验和解决问题。

在我们正式起航去环球旅行之前，还有一个问题要解决：我们应该着眼于哪些事物、跳过哪些事物呢？

嗯……我们就只看生物，其他东西不看不就可以了嘛！

你讲的没错，那我们所说的“生物”是什么呢？

就是细菌、植物还有猴子什么的吧。

行吧，那你说的“其他东西”又是什么？

嗯……其他东西，就是岩石、土壤、岛屿、内衣裤等这些呀。

有道理，你说的这些东西本身确实不是生物，但是岩石还有土壤和生命是紧密依存的，有些岛屿整个都是生物体组建起来的。（还有，你不会想知道你的内衣裤上到底“住着”多少生物的。）

不是吧？

真的。我们肉眼看不到或辨认不出来，不代表它们就不是活着的。生物的形状、大小和形态非常之多，有很多生物是不久之前才被承认是真实活着的。所以啊，我们只有在辨别某样东西是否是活的这个问题上达成共识，才能真正地去探讨生命。

它是活的吗？

下面有一些事物，请把它们分为生物和非生物两种。前两个已经帮你分好啦！

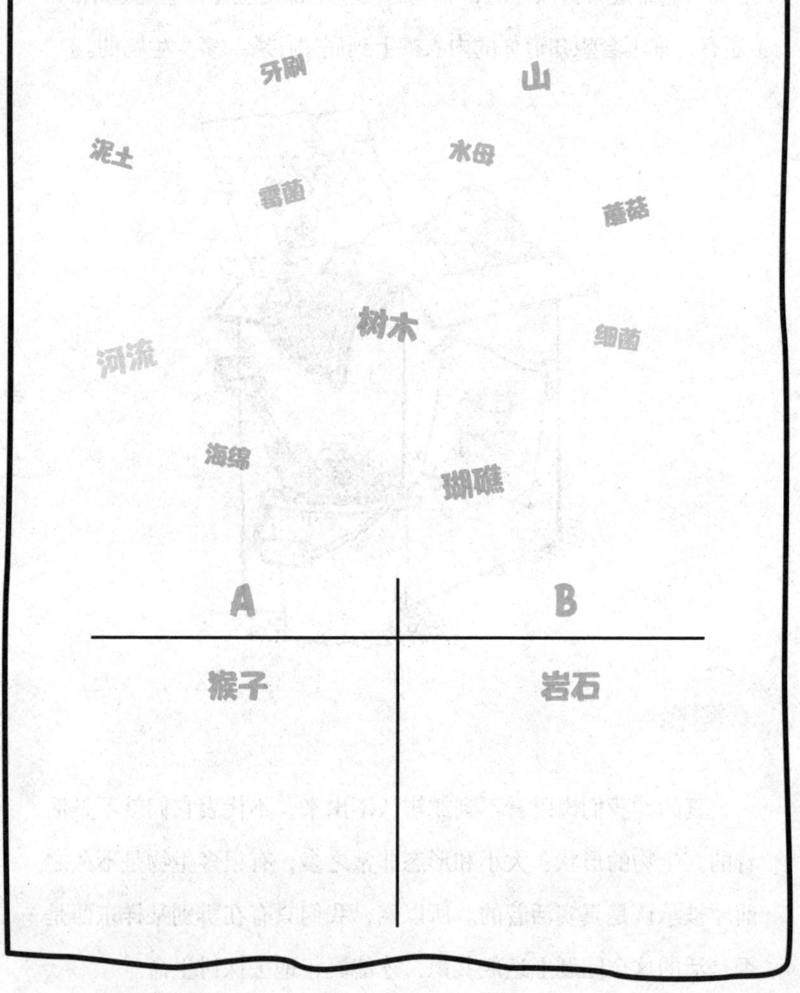

以上的所有事物当中只有五个不是真正的生物。在本页最下方找正确答案吧！

你家里洗手间的海绵可能确实不是生物，不过海里可是生活着海绵的整个家族呢。它们有的长在珊瑚礁上，看起来就像很大的岩石群，但事实上它们可是动物哦！

还有洗手间瓷砖上的霉菌，冰箱里没吃完的半桶烤豆子上的生苔，这些都是真菌，它们也是活的，是生物。

不是吧！我以为生物就是会动、会做事情的那些……

嗯……它们都会做事情，只是有的不怎么动。你看，大多数的树木、植物都是一直待在一个地方，努力向上生长。从另一个角度来讲，冰山和河流都是在动的，但没人会说它们是活的，对吧？

这些不是活的：岩石、牙刷、山、河流和泥土。其他的都是生物。

好吧，那如果有的生物看起来不像生命体，那我们怎么能辨别它到底是不是生物呢？

好问题！为了帮助我们来解答这个疑问，生物学家们总结出了一些所有生物都会有的特点。就像是个帮助我们辨别的“生命清单”。也就是说，如果这件事物满足清单上的这些特点的话，它们就属于生物，反之就是非生物。

生命清单

1. 生物会自我组织。它们会自己组织它们的身体和结构。这些组织结构可以很简单，比如细菌内核旁边会围着脂肪泡。也可以非常复杂，就像赛马的骨骼、内脏和肌肉等。重要的是，生物都会自我组织，自我构建。

2. 生物会繁殖。它们会进行自我复制，这些复制品又会接着自我复制，然后逐渐增多，形成一整个群体或种类。

3. 生物会吃东西。或者可以说，它们吸收周边环境当中的化学元素和矿物质。这些东西将会被生物转化成两种东西，一种是变成它们身体的一部分，另外呢就是转化成进食、自我组织和繁殖所需要的能量。

4. 生物会对周围造成变化。人们会知道某种生物在周围，因为它们会对周边的环境造成些变化。这些变化的成因就是生命体的自我组织、繁殖和进食。

5. 生物有生命周期。它们都会出生、生长、繁殖，最后死去。这样的一个循环是可以预测并且有既定规律的，贯穿着每个生物的生命，由生到死。

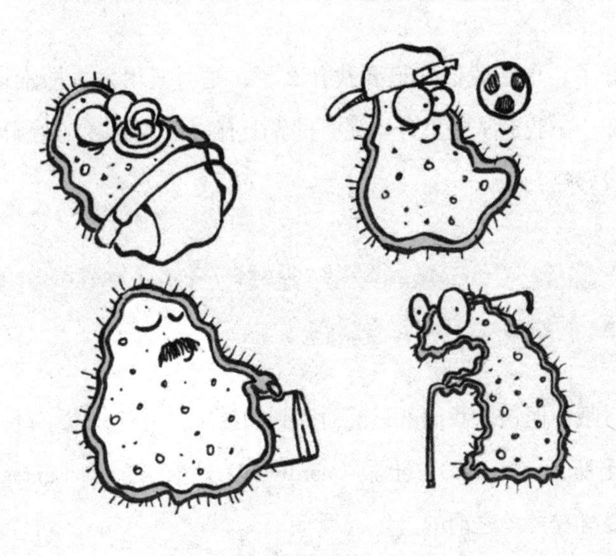

现在让我们回到第8页的分类题，是不是发现要区分生物和非生物容易了很多呢？山可能会随着时间的推移而变大，河流也会在奔流的过程中冲击成峡谷，造成对周边的改变，但它们并不会吃东西或繁殖。

珊瑚、蘑菇和霉菌看起来好像毫无生机，但其实它们都会进行自我组织、进食、影响附近的环境并且会不断地重复生命周期。

哇！我从来没想过会是这样的！

好了，现在我们知道要找什么了，是时候出发去探索地球了。那……我们从哪里开始呢？世界上有这么多生物，从哪里开始比较好啊？

我们按照英文字母表的顺序，从羚羊开始（antelope），到斑马（zebra）结束不就好了。

对哦！但这样我们就只能研究到动物了。另外，以字母A开头的土豚（aardvark）、土狼（aardwolf）还有食蚁兽（anteater）可是要排在羚羊之前的。

这样啊……

另一方面，其实你是对的，我们不能没有计划。如果要探索这个满是生物的世界，我们得先找到给它们分类的办法。幸运的是，有一门科学可以帮我们做到，那就是动物学。

那我们就从动物园开始？

在某种程度上，也可以这么说。快带上防晒霜，穿双好走的步行鞋，我们要把生命世界的角角落落都探索个遍。

后花园生物

你可以从家附近开始这趟探寻生命之旅，想象自己是个生物学家，从下面这几个活动开始吧！

池塘抽样调查——把果酱罐洗干净，到附近的池塘给罐子装满水。然后用放大镜（最好是用显微镜）来观察从罐子里倒出来的小水滴。数数看，你能看到多少水蚤和其他的虫子呢？

海滩搜寻——如果你住在海边，在低潮期找三个或以上退潮时留下的潮水潭，翻开岩石，观察潭里有多少种不同的螃蟹和有壳的水生动物（比如帽贝、峨螺和贻贝）。另外，还可以在海滩上搜寻贝壳、螃蟹壳、海草和鲨鱼卵的外壳（它们被称作美人鱼的手提包）。

看看你可以分辨出多少动植物种类吧！

观鸟——叫上一个朋友或家人，带上望远镜和一本详细描写你所在地区鸟类的指导书（最好是有很多插图的那种）。然后就可以出发去附近的树林、森林或草原了，你能在一小时的时间里发现多少种鸟类呢？

进化到底有什么了不起的？

查尔斯·达尔文的进化论是最早的解释所有物种的外表及其行为的科学理论。进化论告诉我们新物种起源的原因以及为什么某些物种灭绝了，并且解释了地球上为什么会形成这么多样化的生物物种。

环境可以发生各种不同的变化。要形成一个新物种，动物族群并不一定要被物理隔离（比如被山或河流隔开）。有时候，生物所生活地方的深浅变化（水生动植物）、饮食结构、天气或选择雌性动物的习惯都会是新物种形成的原因。

达尔文的生物进化理论

1. 即使是同一个物种的生物也会在外表和行为上有所不同。个体动物可能相比其同类大一些、小一些，更快或更慢，有一些会比其他的更具有吸引力，或者更聪明。这样的现象叫作自然变异。

2. 由于时间和地点的关系（比如气候、可获得的食物的多少、凶猛捕食者的数量，等等），一个物种其中的一些成员会比其他成员更容易存活（或者能产生更多的下一代）。

3. 因此，比较适应周围环境的动物就会产生更多的后代，而那些不是十分适应的动物就会死去或者无法产生后代。这就是自然选择（也叫物竞天择）。

4. 随着时间的推移，这就意味着一个物种中所有生存下来的成员都会长得像那些“最适应环境”的胜利者，这一部分就会成为这个种族唯一存留下来的成员（至少直到环境再一次大变时）。这种状态被称作“适者生存”。

5. 如果一个物种被分成两组，并且生存在不同的环境当中。那么这两组会为了适应其所在的环境而进化（就和我们上面所说的一样）。最终这两组的成员会出现很大的不同，形成两个不同的物种。这也就是新物种起源的原因。

所以是达尔文最先提出这个概念的吗？他是不是有一天突然萌生了这个想法？

事实上，进化这个概念在达尔文发表进化论的前几年就已经被提出来了。据一些史书记载，达尔文当时乘着小猎犬号环球航行，这场航行在当时闻名世界，这时他的理论还没有完全被提出。（如果你没有听说过小猎犬号的话，不用担心，马上我们就会为你介绍了。）

相反，达尔文是花了很多年逐步探索进化论的，并且他没有告诉任何人。后来，另一位科学家在进行独立研究之后也发现了这一理论，几乎就要在达尔文之前发表时，达尔文才写出了那本闻名的著作——《物种起源》。这本书从根本上颠覆了科学世界。

达尔文的环球航行

1831年12月到1836年10月，达尔文搭乘小猎犬号进行环球航行，罗伯特·菲兹洛伊是这艘船的船长，他邀请达尔文作为“同行绅士”一同前行。后来达尔文任命自己为船上的博物学家，并开始将自己随船沿途发现的动植物样本和化石寄回伦敦，以便进行后续的研究。

在阿根廷，达尔文发现了一些神秘的化石。这些化石后来被研究证明为很久之前就灭绝了的巨型树懒和美洲骆驼。

后来，达尔文发现了一种体型小巧、濒临灭绝的南美鸵鸟，叫作美洲鸵。事实上，当地人捕获了一只并且做成了食物，达尔文和船长在不知情的情况下食用了这只美洲鸵。

当时达尔文一行人发现的那一种美洲鸵现今已经灭绝了，一部分原因在于“小猎犬号”的全体船员。幸运的是，另外两个美洲鸵的分支躲过了被吃掉的命运，活到了今天。

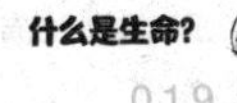

当达尔文在秘鲁的热带雨林艰难跋涉时，他完全被这里的生物多样性惊呆了。这里生活着数不清的植物、鸟类、昆虫、猴子还有很多其他的动物。

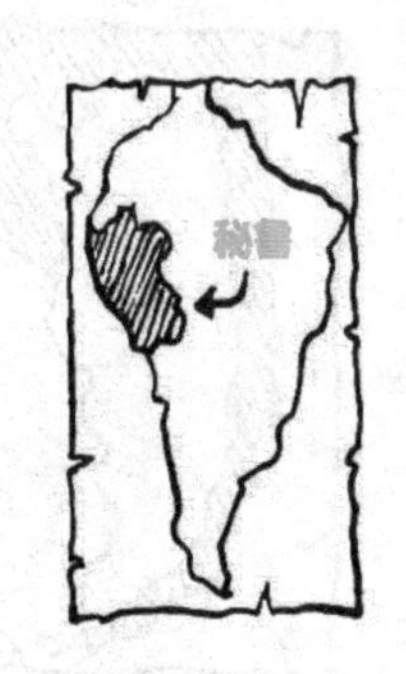

“小猎犬号”在太平洋西行时，曾在厄瓜多尔西边1000千米的偏远群岛——加拉帕戈斯群岛短暂停留过。

同样的，达尔文在这里也发现了令人惊叹的动物种类，其中包括笨拙的巨型海龟和相貌狰狞的海鬣蜥，它们像龙或恐龙一样栖息在海滩的岩石上。

在这些众多的物种当中，达尔文描画、收集和标记了几十种没有被自然学家发现的鸟类。他把自己的画和采集到的标本等寄回了伦敦进行鉴定。达尔文以为他寄回去的这些鸟类都是雀类（鹪鹩、画眉和啄木鸟），但当他几年后和家人一起回到英国的时候，才从自己的鸟类专家朋友口中得知，这些鸟类其实都是不同种类的雀类（现在称作加拉帕戈斯雀）。它们只是体型各异，鸟喙的形状也各不相同，才被认成是其他种类的鸟。

鸟喙长得像鹦鹉一样的雀类会破开坚果，而鸟喙像啄木鸟的雀会破开树木食用里面的昆虫，等等。一些雀类的鸟喙使它们更容易获取周边的食物，这群雀存活了下来并产生了后代，而另外一些则因为自身的鸟喙形状很难获得食物，都死亡了。最终只有一种雀类存活了下来，它们在这里繁衍，一代又一代地进化出了不同种类的雀，当年的幸存者可以说是如今的雀类们“唯一的祖先”了。

那在这之后，达尔文就把他的发现告诉所有人了吗？

并没有。回到英国之后，达尔文又研究了其他的生物，比如藤壶、兰科植物和家养犬类。在研究这些生物的时候，他一遍一遍地思考自己的理论。并且他还继续汇编和写论文，不过并没有将这些进行发表。他从来没有公开地讨论过自己的想法，更别说出版了。达尔文就这样默默研究了二十几年。

什么？为什么不发表呢？

有一部分原因是达尔文知道在那个时候，进化这个概念会被认为是可笑的，甚至危险的，他不想拿自己的名声冒险。那个年代的人们认为所有的生命都是在同一个时间被上帝创造并安排在不同地方的。达尔文知道有些人会觉得这样的想法是在轻视上帝（或者可以说是在亵渎上帝或教会）。所以他就一直等，并且一直在收集事实，所有的笔记都不对外公开。

……那他最终发表了吗？

在1858年，一个更年轻的科学家华莱士致信达尔文，信中叙述了自己的进化理论。华莱士说，自己受到了达尔文和其他自然学家旅行见闻的启发，他自己也登船进行了环球考察。他在马来西亚注意到了被群岛隔开的两种哺乳动物的相似之处。他从这个现象推断出（和达尔文推断雀类一样的方法）在周围环境和需求相当的情况下，即便是不同物种的哺乳动物也会在外形上相似。

这时候，达尔文一下子慌了。心想，这样一来华莱士可能会比自己更早发表进化论。于是他将自己几十年的心血收集起来，尽可能快地发表了自己的著作——《物种起源》。这本书成了历史上最著名、最有影响力，并且最具争议性的著作。

我知道进化是挺重要的，但我从没意识到这原来是这么大一件事！

事实就是这样的，即便是现在，也没人能说这是件小事。

当然，关于进化我们还是有很多不理解的地方。不过多亏了达尔文，我们比从前知道的可多多了。至于其他的，我们现在可以更科学地（最好是更精确地）提出猜想了。

达尔文真是好样的！

是的，真不赖！

"黑猩猩"只是随口取的名字

人们是怎么命名动物的呢?

每种动物都至少有两种名字。它们通用的名字，比如“黑猩猩”“鸸鹋”和“老虎”这些名字，一般都是在动物栖息地居住的当地人给取的。除此之外，生物学家和动物学家也会给它们取一个正式的学名。不过，不仅仅是动物会有洋气的学术称呼，植物、菌类、细菌和其他所有的生物也都会有学名。

那你说人们一开始是怎么给动物取名字的呢?

难道说，曾经有一个非洲伙计指着一只黑猩猩说“黑猩猩”（gorilla），然后其他所有人就这么同意了？

红毛猩猩

考拉

很有可能是这样的。有一些动物的常用名非常古老，甚至可以追溯到人类部落最早开始讲话并命名事物的时候。“黑猩猩”（gorilla）这个词来自古时非洲词汇当中的gorillai。西非人在公元前480年就在使用这个词汇，这个词甚至在这之前的几千年以前就被创造出来了。还有一些常用名则是一些非常地域化的表达。比如“红毛猩猩”在马来语里的意思是“丛林里的老年人”。有趣的是，“考拉”在澳洲土著语言里的意思是“不喝水”。

考拉通过吃有雨水或露珠的树叶来获取水分，聪明的澳大利亚土著发现了这一点，并依此命名了考拉。

那是不是所有动物的名字都是这么来的？

也不是。尽管当时人们的语言体系还不丰富，一些当地居民真就是随便给动物选的名字。不过事实上，很多（或者可以说大多数）动物的名字都来自从遥远的其他国家来的探险家或学者们。

英语当中“树懒”的意思是“懒惰”，但在南非部落，它的意思是“睡觉的人”。同样地，食蚁兽在南非荷兰语中的意思是“地上的猪”；希腊语中河马的意思是“水里的马”；“长颈鹿”这个词来源于阿拉伯语“zirafah”，意思是“他们当中最高的一个”。

那你说动物们那些洋气的学名又是怎么来的呢？

这些学名通常都是拉丁语或希腊语，这两种语言可以说是当时科学（或者可以说是整个学术界）的通用语言。很久以前，因为这两种语言的存在，各个国家的学者们不需要去学习很多种其他语言来相互之间进行交流。尽管现在的科学家们都更倾向于用英语或其他语言来交流，但用拉丁语和希腊语来命名动物已经成为一个习惯。一部分原因是当一个物种有超过一种常用名时，使用一种通用学名可以让交流变得更方便。

小知识：如何命名一个物种？

官方的名字一般都会由两部分组成。这两部分可以描述这个物种的外形以及/或者你可以在哪里找到这个物种。

北极熊——海上的熊类（也叫海熊，毕竟它们可以在北冰洋的冰川间自由穿梭）

美洲黑熊——生活在美国的熊类（也叫美洲熊）

有一些动物是以发现它们的人来命名的，或者甚至是著名的科学家或名人。

其实不仅仅是动物有这种由两个部分组成的学名，植物、真菌、细菌和原生生物（单细胞生物）的名字也是一样的。

那也就是说只要用的是希腊语或拉丁语，科学家想怎么给动物取名都可以对吧？

也不能这么说，比这还是要更复杂一些的。一个新发现的物种或者种类的名字确实可以比较自由地选择，但是一个物种的全称有可能会包含20种甚至更多的部分，这些部分用来描述这种动物所属的纲、科，等等。事实上，这些全名要一路描述完某种生物（动物、植物、真菌、单细胞生物或细菌）的界、门、纲、目、科、属、种。

1735年，一位十分聪慧的瑞典生物学家卡尔·林奈（Carl Linnaeus）最先提出了生物的分类体系。他在自己的著作《自然

系统》一书当中对生物进行了更高级的分类。卡尔用了大半生的时间来对自然分类体系进行修正和构建。到现在，卡尔的分类体系已经进行了一些变更（一些新的被加了进去，也有一些被删除），但近300年之后的今天，生物学家还是在使用和当年基本相同的体系来对生物进行分类和命名。

自然分类体系是这样的：

每个种都是属的一部分，每个属又是科的一部分，每个科是目的一部分，每个目是纲的一部分，每个纲是门的一部分，每个门是界的一部分。

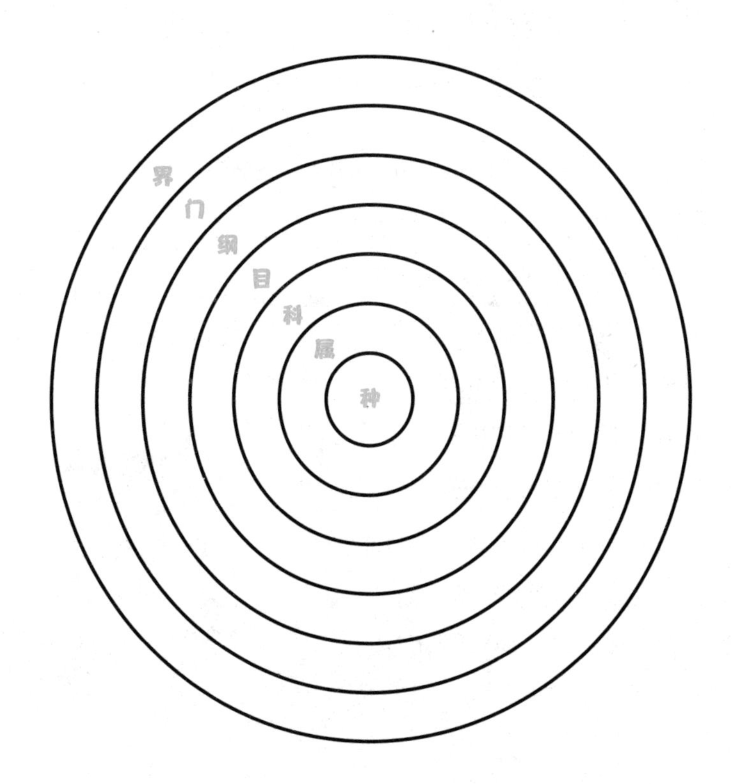

小知识——生物的六个界

动物界（动物）

植物界（植物）

真菌界（真菌）

单细胞生物（需要用显微镜观察的单细胞生物，比细菌更大并且更复杂）

细菌界（细菌）

古生菌（古老的细菌，一般生活在极端环境中，比如火山、盐湖和冰川）

生物的六个界囊括了地球上生存的所有生物。

每一个生物界都有30或更多的门，每个门一般都包含几个纲和目，几百个科和属，上千个种。

这些所有的加起来，地球上生活着几百万种生物。尽管我们永远也不可能给所有的生物命名，不过我们有这样一个科学的生物分类系统来给它们进行命名。这个系统就叫作分类学，我们上面提到的界、门、纲、目、科、属、种被称作分类单位。

也就是说，无论是什么生物我们都可以这样来命名了，对吗？

是的。下面我们来看几个例子，这样你就能看出你的宠物猫和非洲狮，黑猩猩和人类之间的区别啦！

界	动物界	动物界	动物界	动物界
门	脊索动物门	脊索动物门	脊索动物门	脊索动物门
纲	哺乳纲	哺乳纲	哺乳纲	哺乳纲
目	食肉目	食肉目	灵长目	灵长目
科	猫科	猫科	人科	人科
属	猫属	豹属	黑猩猩属	人属
种	猫种	狮子	黑猩猩	智人种
常用名	猫	狮子	黑猩猩	人

等等，上面这几种动物的大多数分类单位都是一样的，对吧？

是的，这样我们就可以更直观地看到这些动物的关系有多亲近了。

总结来说：

- 这四种动物都属于动物界，脊索动物门（有脊柱和脊椎的动物），哺乳纲（有毛发并且会产生母乳的动物）。
- 然后它们开始兵分两路，猫和狮子都是食肉目（吃肉的动物），而黑猩猩和人类都是灵长目（脑袋大，会爬树，并且有大拇指），并且都是人科动物（大型的无尾猿，使用双手来获取食物，并可以使用工具）。
- 这四种动物一直到属才被划分为四种各不相同的类别当中：猫属（体型较小的猫），豹属（体型较大的猫或豹），黑猩猩（各种黑猩猩）和人属（人类或类人猿）。

那两种动物要有多大区别才属于不同的纲呢？

如果要研究纲的话，我们就得把其中一种哺乳动物和鳄鱼（爬行纲）、鸟（鸟纲）、蝾螈（两栖纲）拿来做比较了。要研究不同的门，我们需要看看那些没有脊柱或脊椎的动物，比如黄蜂（节足动物门）或水母（刺胞动物门）。至于界，我们就要研究研究植物、真菌、单细胞生物和细菌了。

自己创造动物学

试着把下面这些动物进行分类，并根据它们的特点将它们对应在下图当中。

把每种动物前面的数字填写到下图当中的对应区域，第一个已经为你填好了。

1. 雪豹
2. 人类
3. 普通黑猩猩
4. 新英格兰龙虾
5. 北极熊
6. 非洲牛蛙
7. 灰松鼠
8. 红尾大黄蜂
9. 黑鼠
10. 雷克斯霸王龙

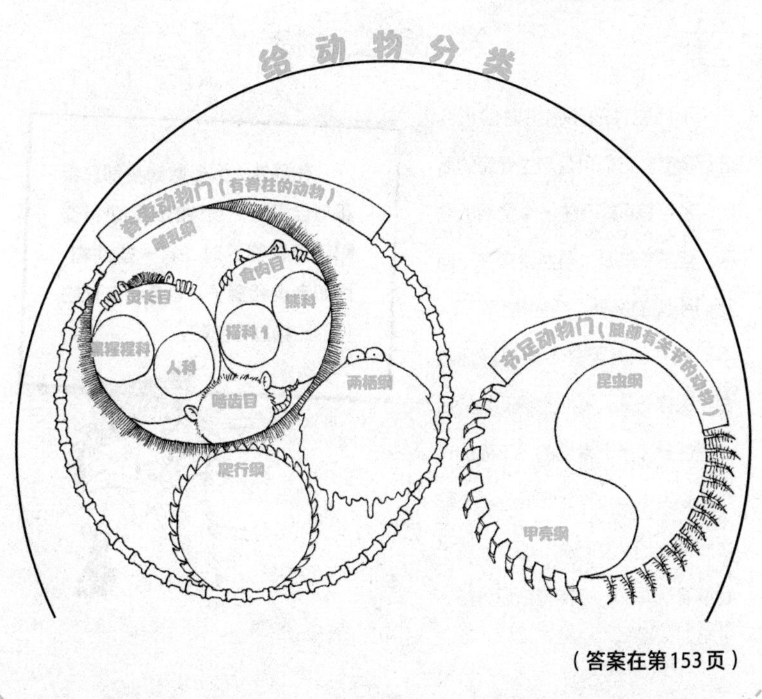

（答案在第153页）

这些东西这么复杂可怎么记得住呀?

好在我们不需要把这些都记住。知道这样的分类方法可以让辨别动物以及其他生物变得更容易。并且，这也可以帮助我们了解一个种群是如何进化为另一个种群的。但我们也没必要把这些全都背下来，除非你想做动物学家或分类学家。

但如果你想了解更多动物，并且在下次去动物园的时候惊呆你的朋友的话，那就来试着完成下面的图吧。

发现杂交动物

不同物种的动物有时候也会进行杂交。它们也会产生健康的后代，甚至有可能产生一个全新的物种。但不幸的是，虽然说存在上面我们所说的例外，但通常情况下，不同物种的基因并不能很好地融合。这样一来，不同物种动物的后代往往身体是非常弱的。下面的这些动物当中有一些是不同物种交配之后得到的杂交物种，还有一些是我编着玩儿的，你能将它们分辨出来吗?

在野外，大多数动物都只会和与自己同一物种的动物进行交配。但在圈养时，有一些动物，比如老虎和狮子，也会和其他物种的动物进行交配。

蜗牛	+	鼻涕虫	=	鼻涕蜗牛
鹰	+	松鼠	=	尖鹰鼠
狮子	+	老虎	=	狮虎
美洲豹	+	狮子	=	美洲豹狮
松鸡	+	猫头鹰	=	猫头鸡
牦牛	+	奶牛	=	亚考牛
蝎子	+	大黄蜂	=	大黄蝎
斑马	+	马	=	斑马马
驴	+	斑马	=	斑马驴
兔子	+	仓鼠	=	兔鼠

（答案在第153页）

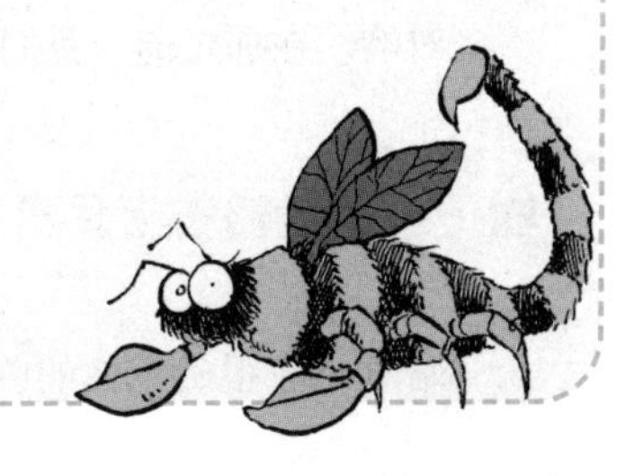

如果所有的生物都是相关的，那是不是可以说我的曾曾祖父是一条虫子？

也不能这么说，伟大的“生命之树”确实是把所有的生物都连接在了一起，包括鱼啊，虫子啦，还有细菌这些。但是不同类目的动物是存在于“生命之树”的不同枝干上的。我们或许确实和黑猩猩、老鼠甚至是虫子和水母有共同的祖先，但我们并不是直接从我们现在看到的其他动物那里进化而来的。

等等，你是说，所有的动物包括人类都是有关联的？

没错。

并且在我们成为人类之前，我们更像是黑猩猩是吗？

对的。在那之前，我们更像是狐猴，再往前，就更像是鼩鼱。

嗯……那我曾曾祖父其实是一只鼩鼱？

哈哈，我很确定你的曾曾祖父一定是人类。

哎呀，你知道我什么意思，就是很久很久之前，我的曾曾曾曾曾曾……

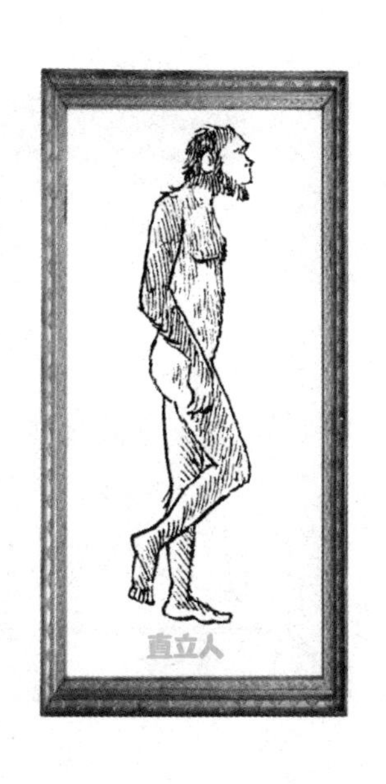
直立人

好了好了，我明白的。如果我们把时间往前推移得足够久，我们就能看到我们的家谱里有非人类的祖先。其实，我们只需要往前数5000代人（大概是10万年），你就能看到距离我们最近的非人祖先了，他们就是类人猿，也叫直立人。但是我们必须再把时间往前推600万—700万年才能遇见我们和现代黑猩猩的共同祖先。（这个祖先可是你的30万个曾曾祖父，要叫他可得花上你整整一个半小时呢！）

像黑猩猩的猿猴

如果想找到离我们最近的、长得像鼩鼱的祖先，时间得再往前走一亿四千万年，也是人类的700多万代——早期恐龙时代。那你又得在祖父之前加上好多好多个“曾”字，要花几乎三个月的时间来叫这个祖父。

像鼩鼱的鼠

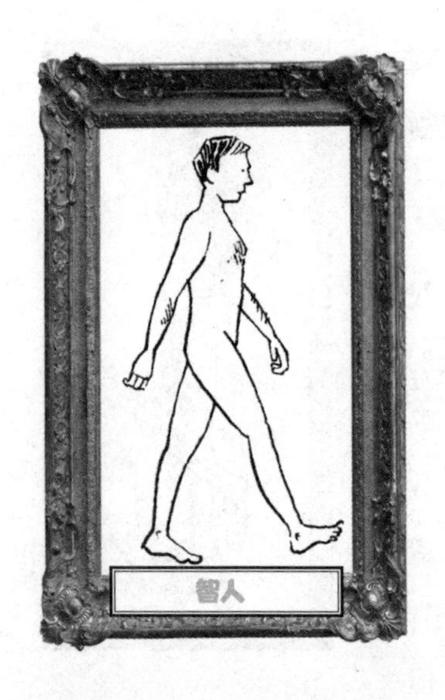

不过事实是这样的，不管是我们看起来像黑猩猩还是看起来像老鼠的祖先，其实都不是黑猩猩或鼩鼱。人类从最开始到现在已经进化了好几百万年，现代的黑猩猩和老鼠也是一样的。我们当然可以说我们有长得像黑猩猩或老鼠的祖先，但是我们的祖先并不是黑猩猩或老鼠。

嗯……我好像不是很明白。

确实是有些难以理解。那我们之前提到过的生物分类在这里就非常好用了。把生物用纲、目还有最终的界来进行归类可以让我们一次性看到同一个群体当中的动物。所以，尽管我们不能说你的曾曾（此处省略七百多万个“曾”）祖父是一只老鼠，但我们可以说他是啮齿动物，和如今的老鼠长得十分相像。

事实上，这个像啮齿动物的祖先看起来就像一只小黄鼠狼（7厘米长），和今天生存在澳大利亚和新几内亚的袋鼬和老鼠有很多相似之处，它很有可能和袋鼠一样，将幼崽放在育儿袋当中！

所以我的祖先其实是一只小黄鼠狼？太酷了！在那之前呢？

硬骨鱼

在啮齿类祖先之前的一亿四千万年前，我们的祖先是爬行动物。再往前走一亿年，我们的祖先则是两栖动物和硬骨鱼。

再之前呢？

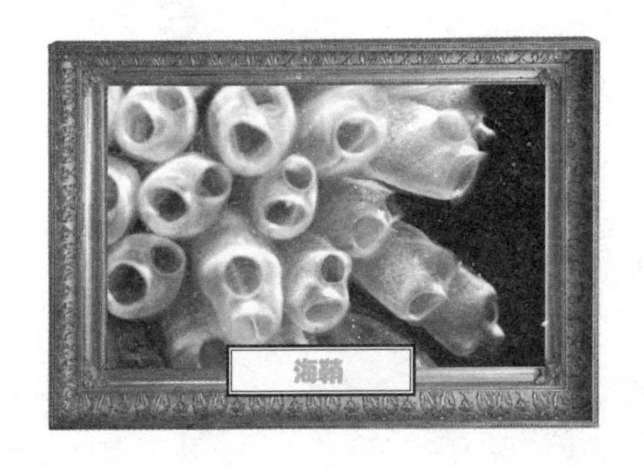
海鞘

在鱼之前，我们的祖先看起来像现在的被囊动物，也叫海鞘。这是一种肉质的管状生物，常年吸附在海床上。但在幼虫阶段，它们会像

蠕虫一样在海里游荡（它们是靠一种叫作脊索的原始脊柱来支撑身体的）。再之前，我们的祖先是长得像虫子的水生动物，它就只长着头，屁股还有被黏黏的肌肉包裹着的肠管。再往前是像海绵小碎片的生物，像酵母一样的黏性物和孤独的单细胞细菌。

也就是说，我的曾曾……祖父并不是一条虫，但是我的族谱里确实是有长得像虫子的生物，对吧？

是这样的。

那随着时间越往前，我们的祖先就逐渐变得多毛，更加像鱼，更黏，没错吧？

嗯……也可以这么说。

就是这个理！

为什么这么说？

嗯……我爷爷确实耳毛很多……

哎！这可并不是因为——

还有还有！他的口气有时候有鱼的味道……

等等，这可不是很——

并且……我爷爷每次把假牙摘下来的时候，还会有一些黏液……

够了够了，我懂你的意思了好吧？

但你可要记住了：如果不是你爷爷，还有我们那些多毛的、像鱼一样的、黏糊糊的祖先，那可就没有你了。所以你还是得友好点儿。

小知识：用自己的身体来演示生命的故事

手臂尽量张开，手和手指向外延伸。现在我们来想象一下，你张开的双臂是一条代表着地球上生命进化历程的时间线。

这一切开始于46亿年前，就在你左手中指的指尖，然后时间在你的左臂上从左到右地移动，穿过你的躯干和右臂到达你的右手中指指尖，这里就代表着现在。

· 从你的左手中指指尖到左手肘，大概过了十亿年，在这期间，地球上就只有岩石和化学品。

· 从你的左手肘（36亿年前）一直到你的右手肘（大约10亿年前），地球上除了单细胞细菌和原生生物之外没有任何其他的生命体。

· 我们再从你的右手肘一直延伸到你的右手掌跟，这时候多细胞生物（比如海绵）开始出现。

· 从右手掌根（六亿年前）到指头末端（两亿年前），远古的海洋生物比如水母和珊瑚进化成了比较复杂的节肢动物、鱼、两栖动物和爬行动物，爬行动物最终进化为了恐龙。

· 恐龙统治地球长达中指末端到中指的最上面一个关节（大约是五千万年前）。

· 从这里再到指甲尖端，哺乳动物从体型很小的黄鼠狼一样的生物进化成了更加高等的哺乳动物，其中包括猿和早期的人类。

· 人类的发展史，从穴居人开始，经过了古希腊古罗马时期、黑暗时期、中世纪、欧洲对美洲的殖民统治、新大陆、拿破仑战争、两次世界大战、太空时代、网络时代和新千年……这些所有的时间仅仅是我们用指甲刀剪一下就可以被剪掉的那一小段。

这一切真是发人深思，不是吗？

为什么动物会有这么多不同的大小形态呢？

因为所有的动物都突变和进化了好几百万年，在这个过程中它们都在尽量适应自己所处的各种环境，慢慢形成了自己的饮食结构和行为习惯。动物形成不同形态的原因是基因和DNA的变化，这些变化有的大，有的小。自然选择也是发生变化的重要原因。

突变的动物？你是说地球上到处都生活着变异动物吗？

当然了。

啊啊啊啊啊啊！快逃命吧！！

哎！等等啊小伙子，你慌什么？

你疯了吗？这可是变异动物！我在电影和电脑游戏里看到过。这可都是一些扭曲的、可怕的动物，它们还会吃人，还有……

等等，我说的不是那种变异动物啦！我说的是那些在一代一代的繁衍过程中发生自然变异或变化的动物。

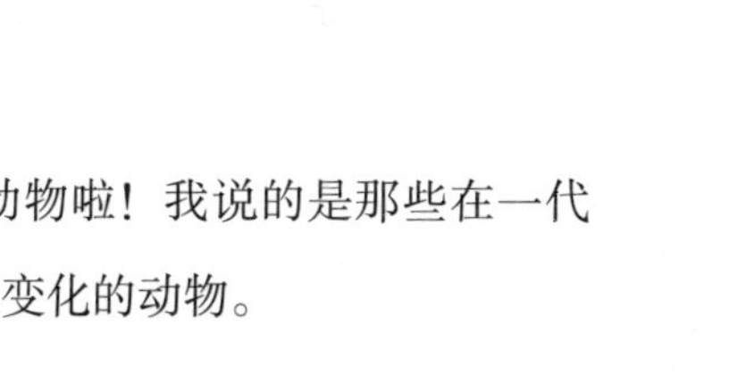

电影和电脑游戏当中出现的变异动物是不存在于现实生活中的，不用太担心。

哦，那……不是那种被疯狂的科学家用化学物品和辐射什么的改造的变异生物吗？

呃……当然不是了！只是动物自行发生的一些基因变化而已，这种变化每时每刻都在发生。

呼……真是虚惊一场。好了，那你继续。

我可真谢谢你。我讲到了哪里来着？

就如我刚刚所说的，进化的过程其实就是基因发生变化的过程。这个连达尔文都不知道。但是基因是自然选择的根本，是动物（以及其他所有生物）最终变成现在各不相同的样子的原因。

达尔文不知道？我以为是他发现的进化的本质呢。

达尔文只知道一部分。他确实是知道基因在动物一代代繁衍过程中会发生变化，他也知道动物会把这些变化或者突变带给他

们的下一代，但他不知道这些突变是出于什么原因，具体如何发生的，也不知道这些变化是如何传下去的。

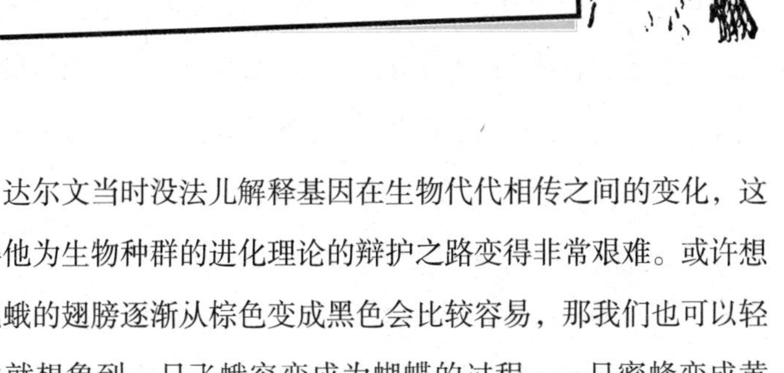

达尔文当时没法儿解释基因在生物代代相传之间的变化，这使得他为生物种群的进化理论的辩护之路变得非常艰难。或许想象飞蛾的翅膀逐渐从棕色变成黑色会比较容易，那我们也可以轻松地就想象到一只飞蛾突变成为蝴蝶的过程，一只蜜蜂变成黄蜂，甚至是狼变成狗。但是龙虾和美洲驼，水母和大象，虾和人，这之间的跨度可就大了，这可一时半会儿理不清楚。

嗯……我明白你的意思了。那从虾是怎么变成人的？这两个可差别太大了。

答案都在他们的DNA里，在基因里。

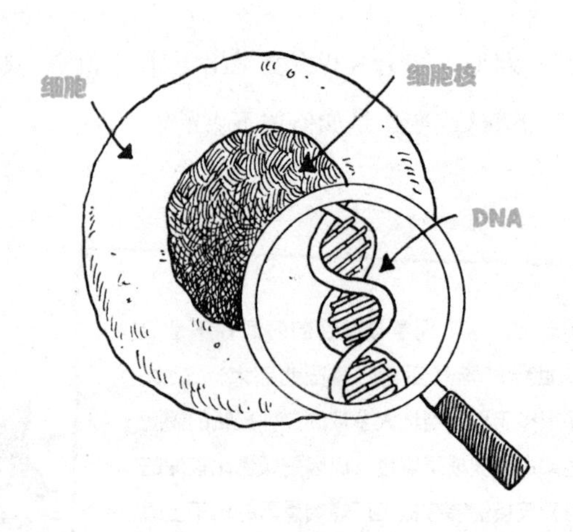

所有的生物都有DNA，它就存在于每个人的细胞里（每个人的身体都是由无数个细胞组成的哦），并且有序地排列在基因上。基因是我们身体的指挥官，它会告诉所有正在生长的细胞要如何去建造自己，细胞们得令后就会努力地生长并分裂出更多的细胞，最终形成一个完整的动物。DNA会在细胞发生分裂的时候自我复制。但它不是每一次都能完美地复制成功，有时候也会犯一些错误，此时基因就会发生某些变化（或突变）。这样一来，有一些细胞就接收到了错误的生长指令，自然也就会造成动物身体的某些变化（或突变）。

那会多长一条胳膊、一条腿吗？

一般不会发生这么剧烈的变化。有时候基因突变不会造成动物的任何改变，但有时候可以引起比较大的变化。这取决于基因本身还有突变的类型。

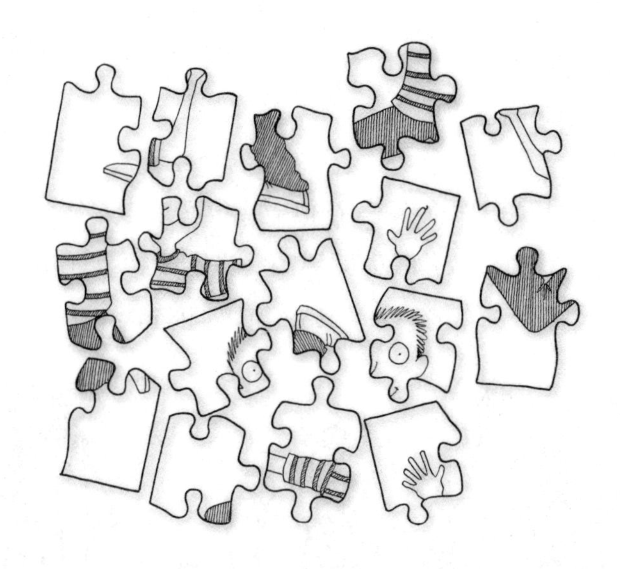

有一组基因比较特别，叫作主控基因。这组基因基本上可以被称作动物整个身体系统的指挥家。它们会告诉正在生长的胚胎头和尾应该长在哪里，应该要有几条胳膊、几条腿或翅膀，应该长在哪里，以及内脏、骨头和神经应该如何发展。如果这一组基因发生了突变，那么生物本身就会出现非常大的变化。

举个例子，有一组基因会决定脊柱和内脏应该长在身体的哪一侧。比如在人类和其他脊椎动物身上，脊柱当然是长在背上的，内脏都长在腹部这一边。然而在虾、龙虾、蜘蛛还有其他节肢动物身上则刚好相反。当然这些动物是没有脊柱的。但它们的腹部确实有原始的脊髓，而内脏则分布在背部。如果你吃过虾的话应该有注意到这一点。有时候你会沿着它们的背部发现一条“血管”，对吧？这其实就是它们的内脏（我们在食用之前最好把这部分去除掉，毕竟没人想吃虾粑粑，对吧？）这些内脏就长在爬行动物和哺乳动物长脊柱的地方。

为什么会这样呢?

这是因为在过去的某一时刻（这点很重要），最终进化成对虾的动物的两个主控基因发生了突变，身体结构发生了颠倒。这样我们就到了一个岔路口，分成了两组不同的动物。

有一组（鱼、两栖动物、爬行动物、鸟类和哺乳动物）脊柱长在背部，内脏长在腹部，另一组（虾、龙虾、蜘蛛和其他节肢动物）内脏长在背部。

那我们可以说人就是反过来的虾？

没错！基因上发生的这些改变会使得物种的多样性越来越丰富。从一个铃铛形状的水母到管状鳗鱼，从四条腿的河马到两条腿的人类。

哇！巨大的管状鱼和两条腿的变异虾人。我们应该用这个素材来做一款游戏！或者至少拍个电影……

适合战斗

生物进化的核心其实就是适者生存，不过动物们有很多种不同的方法来适应周边的环境。相比起赛跑或竞赛来说，其实更适合把它形容为一场战斗。在一场战斗里，胜利的人不一定是体型最大、最强壮或速度最快的，而往往是武器更好、技术和战术更高超的那些士兵。

伪装

老虎、北极熊和其他哺乳动物会隐藏在和自己皮毛颜色相近的地方，将自己变成“隐形斗士”；毛毛虫和竹节虫会模仿嫩枝和树叶来躲藏鸟类；树懒挂在树上的时候看起来就像是被苔藓包裹的树枝；变色龙和乌贼可以做到在几分钟甚至几秒钟之内变化颜色。其实军事伪装就是人们向动物学习的。

刀片

大多数的猫、狗、熊和其他食肉动物都有着像刀片一样锋利的牙齿，以及同样锋利的爪子。我们可不能惹到它们。

护身甲

乌龟和犰（qiú）狳（yú）等动物进化出了一层厚厚的铠甲来保护自己。

穿山甲是一种生活在非洲和亚洲的动物，它们寄居在树木里。穿山甲进化出了层层重叠的鳞片外衣，这样坚固又灵活的铠甲可是会让中世纪的骑士或武士非常羡慕的。

火力

射水鱼可以喷射出高压水柱，将树枝上的蜻蜓打下来，并且大多数时候都非常精准。水母和海葵会对天敌或猎物发射有毒的叉。

化学武器

臭鼬会向捕食者喷射臭烘烘的尿液来赶走它们。很多蛇、蜘蛛还有其他有毒的动物会用它们牙齿上的致命毒液让自己的猎物瘫痪或死亡。

科技

雷达和声呐最开始是在动物世界发现的。海豚和洞穴雨燕用快速的嗒嗒声来定位同伴和猎物。蝙蝠可以用超声波在黑夜里捕食飞蛾，相应地，一些飞蛾也参加了这样的军备竞赛，用尖锐的高频声呐来进行反击。

团队战术

我们可以在丛林中看到一群母狮跟踪羚羊，还有群狼围住鹿时看到动物的团队战术。海豚会一起行动来捕鱼，黑猩猩会把小猴子引诱到陷阱里。很多蚂蚁、白蚁还有其他的昆虫会形成一支军队，共同协作来寻找食物或抵抗敌人。

我妈妈昨天说家里的金鱼需要一个新鱼缸，或许它们在准备一场攻击，不过我也不确定它们会不会切开玻璃……

秘密武器——将下面这些动物和它们各自的秘密武器连线

鬣狗	盔甲
野山羊	牙齿
疣猪	伪装
老虎	角
蝙蝠	致命毒液
眼镜蛇	长牙
臭鼬	超声波
穿山甲	化学喷雾
枯叶螳螂	爪子

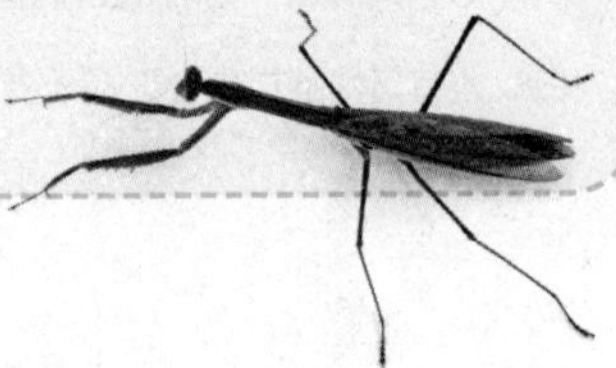

无脊椎的生物们

为什么植物都是绿色的，而蘑菇是白色、棕色和红色的呢？

因为蘑菇并不是植物，甚至可以说和植物毫无关系！它们是生物世界中完全独立的帮派——菌类。相比起植物而言，菌类其实和我们动物更为相像哦！

不是吧？你可得了吧！我才不信呢！

相信什么？

蘑菇怎么能是动物！动物可是要吃东西的。你说，蘑菇什么时候吃过任何东西了？蘑菇会趁夜里没人注意的时候在丛林里穿梭，捕食老鼠或者兔子吗？别傻了，这不是戏弄人嘛。

当然不是了，真菌和动物、植物都有一些共同点，但它们确实和动物的关系更亲近一些。当然，真菌和树木以及花一样，一生都待在一个地方不动。但是它们“坐在”那里做的事情和植物之间的差别很大，更像是动物。

它们都做些什么呢？

简短来说，它们是消费者而非生产者。它们获取食物和能量的方式非常特别。

植物都是自给自足的。它们的体内含有一种叫作“叶绿素”的化学物质，帮助它们从太阳光里获取能量。接着它们用这些能量来把从身边的土壤和空气当中获取的水和二氧化碳转化成糖和氧气。然后它们会消耗掉糖，释放氧气。多亏了植物，如果没有上面我们说的这个过程（光合作用），我们就不会呼吸到氧气了。

小知识：自养生物

在我们人类出现的好几百万年前，植物、细菌和原生生物进行的光合作用，将地球的环境由充满有毒二氧化碳的一片混沌变成了充满了氧气、适合动物呼吸的生物乐园。这些可以进行光合作用、自给自足的植物和细菌在生物学中被称作自养生物。

那蘑菇和它们有什么不一样的地方呢？

蘑菇、伞菌和其他的真菌是不会进行光合作用的。它们和动物一样，是异养生物。它们会吃掉由植物和其他自养生物提供的糖。

那它们为什么不能和植物一样自给自足呢？

它们没有进化出这样的能力。因为它们的体内缺少可以进行光合作用的叶绿素（这也是为什么大多数的真菌不像植物一样是绿色的）。它们食用动植物排出的废物或它们腐坏的尸体。

它们吃腐坏的尸体和粪便吗?

是这样的。(以后你应该没办法好好享用油煎蘑菇了吧?)但蘑菇大多数时候食用的是树根附近的落叶,或者就直接附着在还活着的植物上,吸收它们排出的废料。

这样不会伤害到树木吗?

有时候会。有的真菌就和寄生虫一样,会破坏或者毁掉它们所依附的植物。但是其他的会和它们所依附的植物形成一种友好的伙伴关系,这样的现象叫作共生。有一些真菌会附着在植物的根部,然后将自己的根伸往附近的土壤来获取水和养分。

接着,真菌会把自己吸收到的东西传输给树木。作为回报,树木会给真菌提供糖分和矿物质。

小知识：地衣

你有见过一块贫瘠的岩石上长着像发霉了一样的红色、橙色和黄色的斑点吗？这是另外一种共生现象。我们所看到的就是地衣，它和一群细菌或藻类存在着共生关系。和我们刚刚说过的一样，真菌会食用自养生物提供给它的糖分，而它覆盖住了细菌或藻类，防止它们因水分流失而干掉。这样，地衣就可以生存在干旱贫瘠的地方（比如岩石峭壁和沙漠），而一般的植物是很难在这些地方生存的。

也就是说，真菌看起来像植物，但它们的行为却更像是动物，对吧？

是的。海豚和猴子有共同的祖先，植物和真菌也是同样，不过它们确实是完全不相同的生物。就像相比起海豚而言，猴子和人类的关系更加紧密一样，相比起植物，真菌的DNA被表明更接近动物。我一点儿也不意外。

你为什么不意外？

我一直觉得自己是一真君（菌）子，你觉得呢？

这玩笑真无聊。

嘿嘿嘿嘿嘿。

动物的魔法

有没有一种动物是切碎了还可以变多的?

有！虽然很不常见，但至少有两种动物可以做到。绝大多数的动物被切开之后都会死亡，但很多爬行动物、两栖动物、蜘蛛和昆虫在身体被切下来一小块之后还可以活着。

还有一些身体组织很简单的动物根本就切不碎！

你是说如果我把一只蜥蜴切成两半，就会长出两只蜥蜴吗?

呃……当然不是了。有一些蜥蜴在被切断四肢的时候还可以存活，有一些在面对捕食者的时候会欣然容许它们将自己的尾巴撕下来，这样它们就可以逃脱被吃掉的命运。但绝不可能会长出两只蜥蜴来的。被切掉一部分肢体后，只会得到一只放下心来的蜥蜴，和一段被遗弃的四肢或尾巴。

令人高兴的是，大多数蜥蜴在断尾之后都会再生出一条尾巴来。不过它们应该也不怎么享受这个过程，因为一般来说新长出来的尾巴会更加粗短。而且尾巴也不是会一直长出来的，经历过几次断尾之后，它们有可能会一直保持断尾状态，无法再生出尾巴了。

那蛇呢?

尽管你可能听到过一些关于蛇的传言，但是如果蛇被劈成两半它就会死，而不会形成两条蛇继续活着。一些蛇在被从合适的位置切断之后是可生还的，不过并不是两半都可以存活。有头的一段可以活下去，另一段会死亡。

那被切掉一部分之后还能再长回来吗?

有时候会。一般说来，蛇在被切断之后是不会再生的，而很多蜥蜴会从肢芽处再生出一截四肢或一条尾巴，就和胚胎在子宫或卵子当中生长出胳膊、腿和尾巴是一样的道理。一些青蛙、蝾螈和蜘蛛也会重新长出身体部位。但我们所说的这些动物如果被切成好几块，或者被切掉整个头部，那它们都是不可能活下来的。只有像海星、蠕虫和海绵这些生物才具有这种强大的再生能力。

这是为什么呢?

都是因为大脑。像哺乳动物、爬行动物、两栖动物和昆虫这些比较复杂的动物，头部都会有很大一簇神经（或者神经组织），我们把这个叫作大脑。

即使是在结构较为简单的蜥蜴或蜘蛛身上，大脑也掌握着呼吸和血液循环等基本功能。不像骨头和肌肉，没有大脑是很难存活的，并且大脑也不能被取代。即便是天赋异禀，可以很快再生出组织的爬行类动物，也来不及在整个身体死亡之前重新长出大脑，因为一旦没有了大脑，身体的各个部位就会缺少供血和氧气而迅速死亡。

那蠕虫、海星和海绵又是怎么做到的呢?

一部分原因是这些动物的再生能力更强，另外，它们对大脑的依赖性并没有其他动物那么强。蠕虫和海星并没有我们所谓的大脑，它们只是有一小簇的神经组织来控制身体功能。假使你砍掉海星的一条胳膊并且砍掉的这一部分当中含有神经组织，那从这一段肢体当中又会长出一只海星来。

哇！这也太酷了！

不过我们还是要再重申一遍，不要去海边尝试切开海星。它们并不喜欢这样，并且有一些海星的肢体并不会长回来。相信我说的。

好的，我知道了。那蠕虫呢？

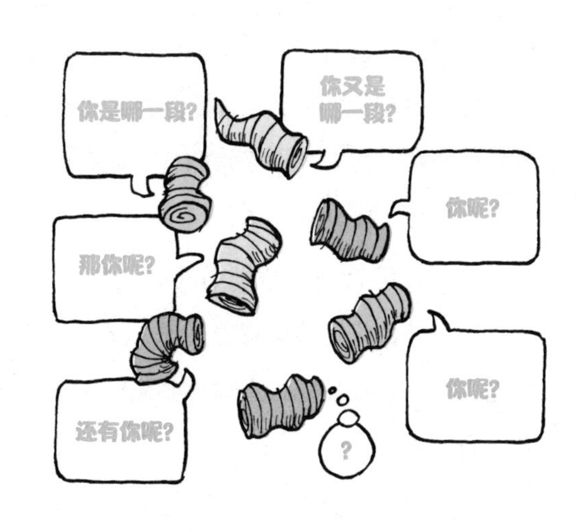

蠕虫的重生就更容易了。由于身体的结构非常简单，只要被切除的部分还有神经组织，很多扁形虫可以从任意一段（头部、尾巴、身体中部）被切除的部分进行再生。涡虫不管是横着还是竖着被分成两半，都会再生出两条完整的虫。有些甚至被切成好几段也可以分别再生。

这个就像是我们失去了四肢和头，从脊柱向外重生的样子。

啊啊啊，太怪异了！

如果再生能力是一场比赛，那恐怕夺金的就是海绵了。海绵是现存生物当中身体结构最为简单的了。它们基本上就是一堆相互连接的细胞围绕在沙质或粉笔质地的骨架上。它们可以是没有形状的一团，或者是简单的管状。海绵会从它们周围的水里吸收养分和氧气，然后相互连接的细胞之间的泵和管道会将养分和氧气传送到身体的各个部位。

但这种动物从来都不会移动。它们一直都待在海床上，直到繁殖的时候。这时候海绵会像发芽一样长出一些小海绵（就和精子一样），然后这些小海绵就会游到其他海绵释放出的卵细胞那里进行受精，接着这个受精卵就会在海床上重新找一个地方安定下来，长成一团新的海绵。

关于海绵有一件特别酷的事：拿一块海绵，放进搅拌机打碎，用过滤器将这些海绵碎过滤，然后装进一个水缸，然后，你猜怎么着？没错！海绵会像那些无坚不摧的外星僵尸一样自动重新集合起来！

太酷了！那我们人类可以获得这项技能吗？

遗憾的是，人类可经受不起“搅拌机疗法”，因为我们的身体太专门化了。即使是蠕虫的结构也太复杂了，做不到这一点。不过科学家们现在在研究海星、火蜥蜴还有其他可以再生的动物，来找到重新长出肌肉、骨头和神经组织的方法。我们希望有一天能破解它们重生的秘密，然后研究出药物来刺激在我们的DNA上沉睡许久的古老基因，让人类被损坏的四肢、器官和大脑可以通过再生的方式自我修复。

那就太妙啦！

当然了，不过在那实现之前，我会避免可能会造成失去四肢的任何事情，比如舞弄日本武士刀或者跳进搅拌机里。

水母和其他不寻常的动物

鲨鱼会不会把水母当作餐后甜点吃掉？

不会的。有一些海龟会食用水母，不过鲨鱼和其他鱼都会尽量躲开水母，因为吃水母的感觉就和大口咀嚼又黏又刺的荨麻沙拉一样。

哈哈！被骗了吧！鲨鱼确实是很喜欢海豹的味道，不过它们并不喜欢冲浪者的腿。它们有时候会误以为那是海龟或海豹，从而误咬了它。

嘶……听起来不怎么美味的样子啊。一点儿也不像果冻和冰激凌。

一点儿也不。水母的味道一点儿也不接近青柠和草莓口味，真是鲨鱼的不幸。仔细想想，即便它们确实是这样的味道，鲨鱼也不一定会食用它们。鲨鱼应该会更喜欢海豹的味道，或者冲浪的人类大腿。反正，水母的味道真的糟糕极了（我在日本吃过一次……呕……）更糟糕的是，除非它们是被一名狡猾的厨师迅速杀死然后制作成食物，大部分的水母具备一种十分恶毒的防御方法来避免被吃掉。

你说的是水母的刺吗？

没错。或者可以说刺细胞。水母是属于刺胞动物门（Cnidaria）的生物，这一个单词来源于希腊语当中的“荨麻”（天哪，它们简直就是活着的荨麻沙拉！）刺胞动物的身上有成千上万个专门的刺细胞，一般都分布在它们飘摇的触须表面。每一个刺细胞里都有一个很小、用显微镜才能看到的毒叉子。

触摸一下（甚至只是轻轻碰一下）都足以触发水母的武器。一旦触发，毒叉就会像高压水动力火箭一样从细胞发射而出。

一旦毒叉进入体内，它就用自己的倒钩刺嵌入目标的肉里，接着往周边的组织和血液里释放毒素。刺胞动物会用这些毒叉麻痹或杀掉昆虫、鱼，有时候受害者也会是人。不过有一些海龟对这样的刺已经免疫了，这也就是为什么只有海龟愿意吃水母。

天哪！听起来太妙了！原来水母这么聪明！我原来还以为它们就是一群没有脑子、在海里漂浮的团状生物呢。

嗯……在某种程度上确实是这样。水母和其他的刺胞动物其实根本算不上有真正的大脑，它们就每天在海里漂浮、寻找猎物和配偶，然后就是借着自己的肌肉收缩来控制在海里的深浅，并且对自己这样的状态还挺满意。但不可否认它们是非常独特并且迷人的动物。在它们身上我们可以看到生物进化的过去。

为什么这么说?

首先，很多刺胞生物（不仅仅是水母，还有海葵、珊瑚以及淡水水螅）都是多形态生物。它们的身体有两种主要形态，它们会在自己生命的不同阶段变换不同的形态。

第一种形态叫作水螅态，看起来就像一朵花或是倒过来的水槽塞。海葵和珊瑚在成年之后会一直倒着附着在岩石或海床上，刺人的触手在海里摇摆。当它们繁殖的时候，身体当中的一部分会脱离主体，漂到其他地方。

一些海葵和珊瑚的幼崽会保持在水螅态，但其他的会转化成

第二形态：水母体。这个看起来就很像我们印象中的水母了，就像一把没有把手的透明雨伞一样。接着，水母体就会在水中游来游去，和其他的水母体进行交配，直到最终产下受精卵。受精卵最终又会变成另一个海葵或珊瑚的水螅态。

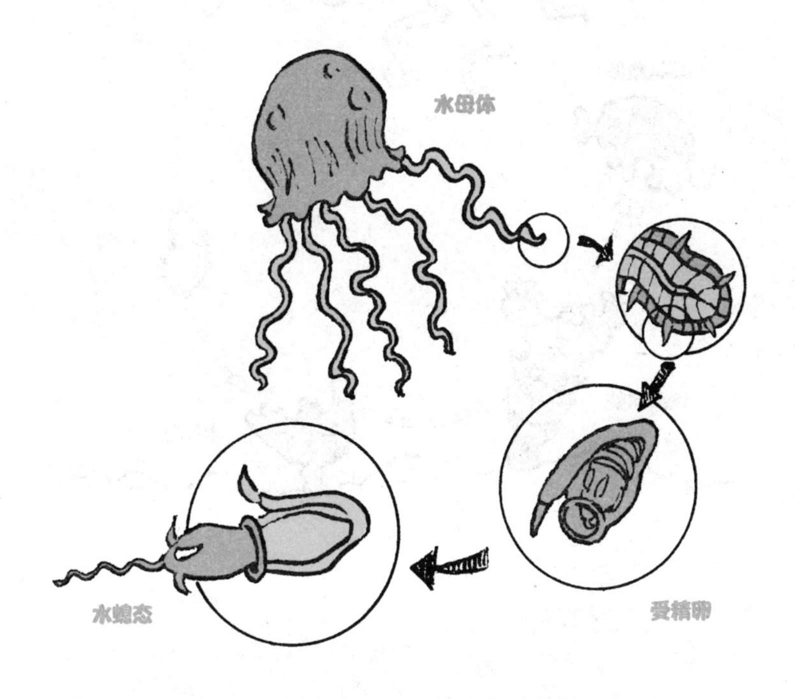

而水母与海葵和珊瑚恰恰相反。它们的成年状态是伞状的，它们产下的卵会变成小小的水螅态，然后会一直以这种状态待在海床上直到更成熟。接着它们会变成水母体，成为成年水母。

嗯……怎么越来越混乱了……

别急，已经很接近真相了。刺胞动物是极少数具有径向（或轮状）对称的动物之一。大多数动物（包括人类）都是左右对称的。你可以把一面镜子垂直地放在我们的身体中心，你会发现我们的躯干两侧看起来是基本一样的。两只眼睛，两只耳朵，两个肺，两条胳膊，两条腿，每一对的形状和大小都基本相同。但是对于水母，你可以把镜子以任何角度垂直穿过它的身体放置，它的两边看起来都是一样的，就像一个轮子或一个又大又圆的生日蛋糕。

这也是为什么它们没有单一的、坚实的大脑。由于它们从四面八方看都一样，所以它们可以从四面八方遇到食物或捕食者。因此，进化出在一端的大脑是没有意义的。相反，它们的伞状身体周围有神经环，形成了一个神经网络，对身体系统进行基本控制。

就像是个在游泳的、有毒的生日蛋糕。真奇怪。

最后，最奇怪的是，水母和海葵也没有内脏。因此它们通过同一个通道来吃饭和排便。

认真的吗?

当然。任何不幸漂进它们嘴里或伞状外套膜下的东西，都会被消化并被拉进通过中心向上（或垂下）的管状口腔内。任何未消化的东西都会从同一个开口吐出来（或者排泄，这取决于你怎么看）。

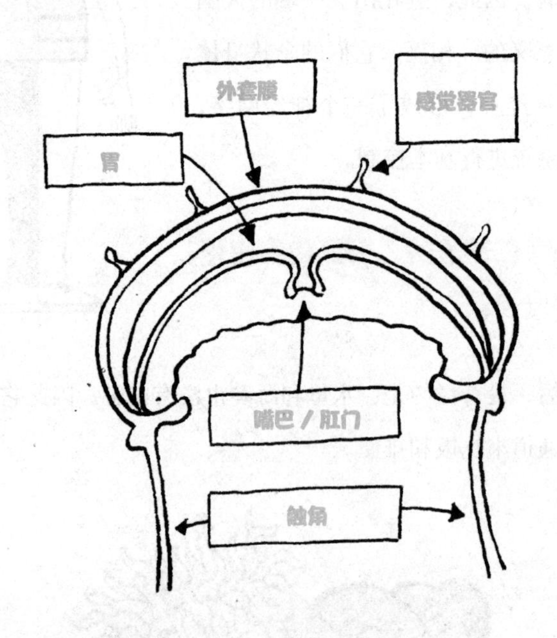

好恶心！那水母会吃人吗?

不会。幸运的是，它们没有长到足够大（或饿到）来做这些。虽然一些刺胞动物（比如火山湖、箱形水母和海黄蜂）对游泳者或潜水员是有害的，但大部分就只是比较讨厌而已。

这对人类而言其实是幸运的，因为在全球变暖的影响下，随着海洋温度逐渐上升，水母的数量一直在稳步增长。欧洲和澳大利亚的游泳海滩每年都会因为成群的水母而被迫关闭。

这不是问题，我有应对的计划。

什么计划呢？

在一只饥饿的海龟后面游泳就可以了呀！

小知识：关于刺胞生物的一些事实

有一些种类的水母，比如箱形水母、海黄蜂和葡萄牙僧帽水母，它们的刺足以伤害人类。被箱形水母刺到会非常痛，甚至会让人突发心脏病。

小丑鱼因电影《海底总动员》而出名，它们对海葵的刺免疫，并在海葵的触角间筑巢，以躲避更大的鱼。

寄居蟹有更好的办法：它们经常故意在自己的壳上放置海葵，制造出武器化的移动堡垒来抵御鱼和章鱼的攻击！

神奇的昆虫

为什么没有汽车那么大的虫子和甲虫？

因为它们的身体构造。虫子和甲虫就像身披厚甲的骑士。它们厚重的外壳是很好的保护，但如果体型太大，它们就会因太重而无法移动。

可是昆虫似乎不是特别重，当它们在你身上爬行的时候，你几乎感觉不到它们的存在。

这是因为它们通常都很小。但我们可以想想看它们更大的螃蟹和龙虾表亲，那我们就能想象到一只大虫子有多重了。

螃蟹、龙虾、蜘蛛、蝎子和其他昆虫都属于节肢动物门。

节肢的意思就是有关节的腿，就像是骑士的盔甲一样。节肢动物其实基本相当于把人类里外翻个面。人类的骨头牵引着包裹在外面的肌肉，而节肢动物则是骨骼在外、肌肉在内。它们的外骨骼是由一种叫作甲壳质的坚硬蛋白质构成的。甲壳质在它们的身体周围形成坚实的外壳，以及在四肢周围形成坚硬的管子。

可是如果昆虫周身都这么坚硬，那它们怎么移动呢？

哈哈，这就是关节的作用了。坚硬的外壳和管子是连在一起的，用来移动身体的肌肉就附着在壳的内部。这使得它们的身体坚硬，而腿部又十分灵活。节肢动物的身体是一段一段的，成对的肢体会从身体某一段的侧面或底部伸出来。像蚂蚁和甲虫这样比较典型的昆虫都有头部、胸部和腹部，以及三双腿节，也就是说它们一共有六条腿。在移动时，腿部从跟身体接触的“髋关节”发力，每一条腿都是以向上、向前、向后、向下这样的模式来动，驱动着整个昆虫向前。

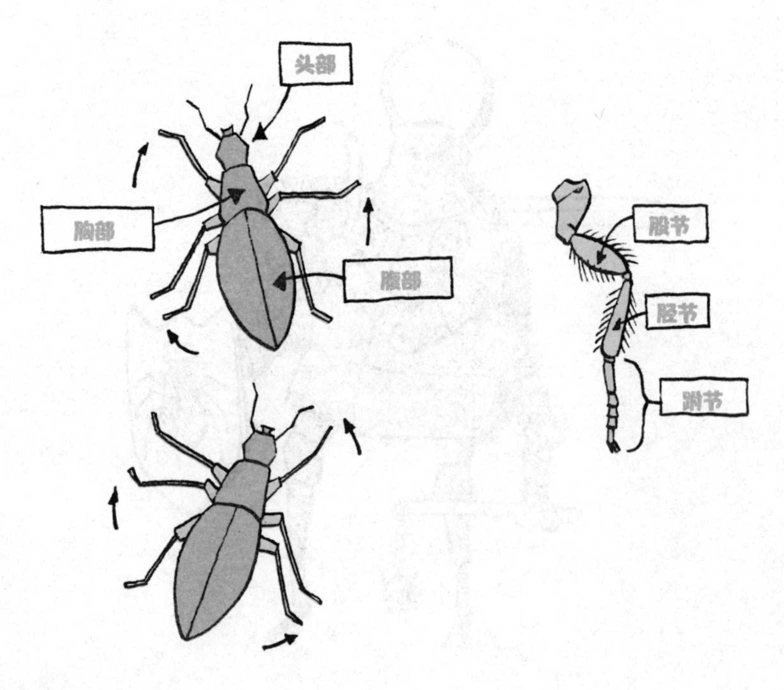

对于体型较小的昆虫来说，这样的身体构造十分巧妙。中空的壳状盔甲保护它们免受捕食者的攻击，并且它们还能一直移动。然而如果超过一定尺寸，这些管子和壳就会因为自重太重而向下弯曲，使它们瘫痪，容易被攻击。这也就是为什么一般情况下昆虫的体型一般都是几厘米宽。世界上最大的甲壳虫和臭虫生活在南美洲和中国，即使它们很少能超过18厘米长。它们大到让人害怕，不过肯定不会吃人。

小知识：蛛形纲和多足纲

蛛形纲

蜘蛛和蝎子都是蛛形纲动物，它们有不同的身型和生活方式。它们都有四双腿而不是三双，它们在狩猎时不需要大幅地移动身体。比如躺在蜘蛛网上等待猎物以及用刺来麻痹猎物。最大的蜘蛛和蝎子体长也不会超过30厘米。

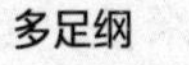

多足纲

千足虫和蜈蚣属于多足纲动物，有一些多足纲动物会用它们多的脚来支撑身体额外的尺寸和重量。非洲巨型千足虫体长可以达到38厘米。

最大的节肢动物是水生的甲壳动物。螃蟹和龙虾有十条腿，它们依靠水的浮力来支撑它们沉重的身体，所以它们可以长得更大。北大西洋龙虾可达60厘米，而日本蜘蛛蟹的身体宽度超过30厘米，腿的跨度达6米！

我的天！这也太大了！

当然，并不是所有的昆虫都在地面或海底小跑。有些成功地飞上了天空，像苍蝇、甲虫、蜜蜂、黄蜂和蝴蝶。但它们的体型也是不会太大的。

蜜蜂和黄蜂这种体型小的昆虫靠快速地拍打翅膀飞起来，它们在空气中形成膨胀的旋涡来帮助它们保持在空中。但飞行其实更像是游过黏糊糊的液体而不是在稀薄的空气中滑翔或拍打。长得越大，就会摔得越重。或者，更确切地说，越难以在空中停留。这就是飞虫不再长得很大的原因。

世界上最大的黄蜂——狼蛛鹰黄蜂也只有12厘米长，而现存最大的飞虫——中国田鳖翼展约达20厘米。不可否认的是，你得用一个板球拍来打它。不过它不会伤害人。

你刚刚说飞虫“不再”长得很大是什么意思啊？

嗯……在地球历史的其他时期，有些虫子，比如蜻蜓，可比现在大多了。这是因为从前的大气更温暖、更厚重，为大虫子的飞行提供了更多的升力和氧气。一些史前蜻蜓的体长可以达到70厘米。

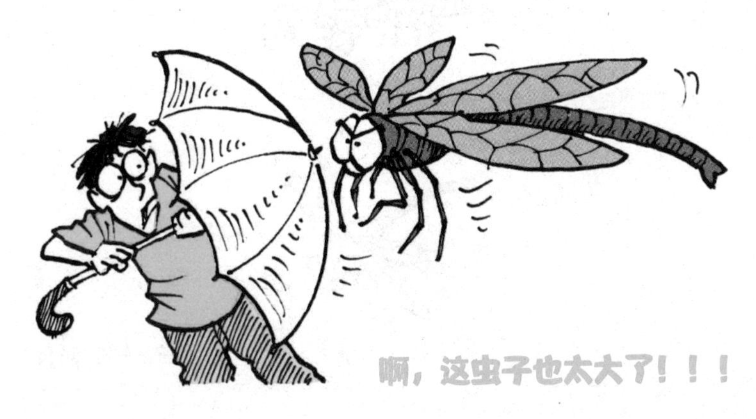

找出怪虫

下面有4组动物，从每组动物中找出与其他3个不属于同一类的怪虫。

1. 鹿角虫　果蝇　蝴蝶　马陆

2. 盲蛛　狼蛛　骆驼蜘蛛　鹿蜱

3. 寄居蟹　乌贼　明虾　龙虾

4. 蜻蜓　蜘蛛蟹　海星　藤壶

（答案在第154页）

黏黏的动物们

为什么蛞蝓和蜗牛黏糊糊的？

有三个主要原因。第一，这可以防止它们在干燥的空气中变干。第二，这让它们可以上下颠倒地爬行。第三，这让它们尝起来很恶心。

有些软体动物（比如帽贝）的外壳紧紧夹在岩石上，可以在潮汐之间的露天环境中存活数小时。但蛞蝓和蜗牛是唯一可以无限期离开水存活的软体动物。

它们为什么要担心自己的身体变干呢？

因为它们在水中进化，后来又适应了在空气中生活。

鼻涕虫、蜗牛和其他软体动物最开始是生活在海里的。大多数软体动物，比如蛤蜊、贻贝、乌贼、鱿鱼和章鱼一直以来都是在海里的。而只有蛞蝓和蜗牛离开了水去呼吸空气，这样，它们就必须找到一种方法让自己在周围干燥的空气当中保持湿润。

解决方法之一就是从皮肤的腺体中分泌一层黏液。这层黏液就形成了防水屏障，防止水分从体内蒸发。

小知识：黏液

蠕虫最开始也是在海洋中进化的，它们也得找一种方法让自己可以在保持湿润的同时呼吸到周围的氧气。

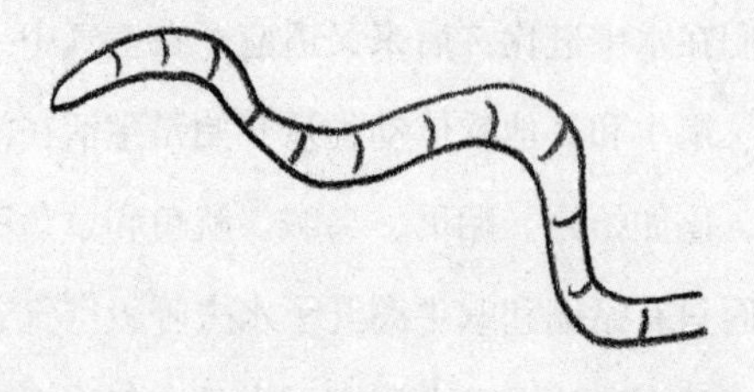

因此，它们就和蜗牛一样，从皮肤上分泌出一层黏液来防止水分蒸发，同时也让将氧气溶解在自己体内。没错，它们是通过皮肤呼吸的，就像把肺翻出来，然后像穿潜水服一样地穿着它们。

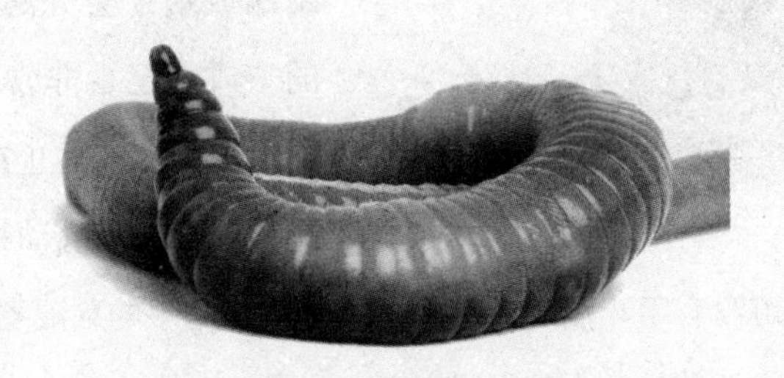

这样一来，蠕虫就只能在水中和地下生存。同时，它们也能生存在动物的体内，比如皮肤下面、血管和器官内。

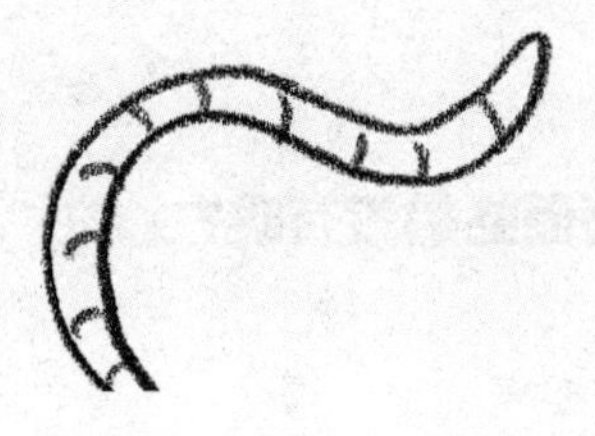

*在海洋中，蠕虫周围的海水中的氧气可以非常容易地漂浮或扩散到它们的身体里。

这也会让它们变得又黏又恶心，对吧？

的确。事实上，一些蛞蝓或蜗牛会分泌出有毒的（或者至少非常难吃的味道）黏液来防止被鸟类、爬行动物和哺乳动物吃掉。不过，这可没有阻止法国的厨师，他们会将蜗牛的黏液煮掉，然后在表面裹上黄油和大蒜做成菜品。

我真是理解不了。

我也是。

那为什么蜗牛有壳而蛞蝓没有呢？

因为蛞蝓并不需要壳。

那又是为什么？如果没有壳的话，蛞蝓不就没有防护了吗？

嗯……对于陆生蜗牛来说，比起抵抗捕食者来说，外壳更能防它们脱水。它们的壳太薄了，不像蛤蜊和贻贝一样可以作为真正的盔甲。在陆地上，鸟类、啮齿动物和其他捕猎者通常会撕开外壳，或把它们撞在岩石上直到裂开。另外，造壳是需要相当多的时间和精力的。更别提获取很多的钙元素了——这意味着蜗牛只能生活在富含钙的土壤和植物的地区。

显然，蛞蝓知道这一点。因此从某个时间起，它们就不再制造外壳了，并开始分泌更厚、更黏的黏液来代替外壳。这样一来，除非有人很讨厌地在它们身上撒盐，否则它们一般情况下是不会变干的。

你的意思是说，蛞蝓从前是有壳的？

是的。其实很多蛞蝓现在也有壳！只是我们看不到。许多种蛞蝓在它们的皮肤（或外套膜）下形成了一个薄壳状的钙层，这表明了它们在进化史上有和蜗牛一样的过去。

除此之外，蛞蝓和蜗牛还有许多其他的相似之处。它们都有一个粗糙的、多齿的舌头，叫作齿舌。一些齿舌上有成百上千颗牙齿，这些牙齿被用来剪断和刮取食物。

蜗牛和蛞蝓有牙齿？不可能！

当然有可能。要不然你觉得它们是怎么给生菜和其他植物的叶子造成那么大损害的？靠吮吸吗？

嗯……这我倒是没想过……

它们还有一对或两对触须（底部有眼睛），还有一只黏糊糊的脚，用来在表面爬行。这就是它们的黏液真正发挥作用的地方。

为什么这么说？

它们的黏液既是油性润滑剂，也是黏性胶水。

它可以让蛞蝓或蜗牛粘在几乎任何表面上，用脚做像波浪一样的波动动作，让它们笔直地向前爬行，甚至倒立爬行。

就像你说的，如果它们是像胶水一样被粘在表面上，那它们怎么能移动呢？

当蛞蝓和蜗牛向前推动它肌肉发达的脚时，脚后部的胶水就会断裂，这一部分就会剥离表面。当它们停止移动时，胶水就会重新形成。所以它们差不多就是一路黏着和滑动着向前走，留下一串黏液。

小知识：蜗牛黏液

工程师们研究蛞蝓和蜗牛的黏液，希望能用于研究类似蛞蝓的爬墙机器人。他们用一片玻璃上的生菜来诱导蜗牛，然后引导它一圈一圈地爬行来留下黏液，最后把所有的痕迹都刮出来。

蜗牛太恶心了。

这就觉得恶心了？那再看看这个：在蜗牛进化的过程中，它们的内脏翻转了180度，所以它们的屁股其实就在头顶，就在壳的下面。也就是说，蜗牛在自己的头上拉屎。

它们是不是傻？为什么要这么做？

实话说，没人知道这是怎么发生的，或者为什么会发生。这看起来似乎不怎么合理，因为这意味着它们的排泄物会污染自己的腮，实际上就是吸入粪便然后窒息而死。但不知怎么的，它们似乎挺过来了。

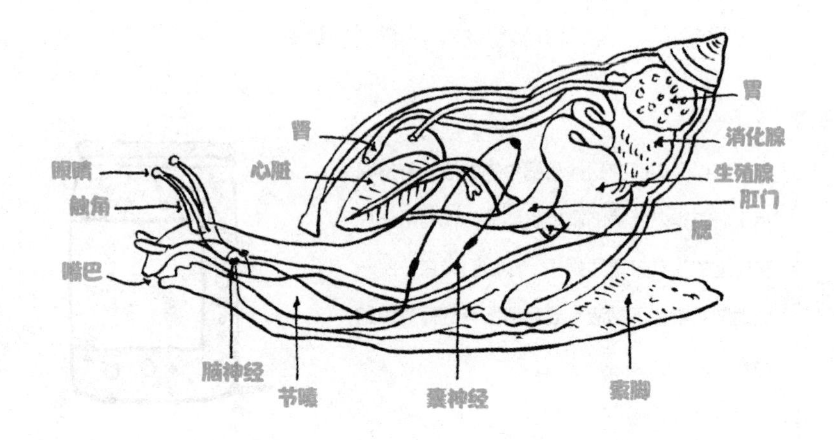

那软体动物是通过鳃呼吸的，而不是肺，对吗？

海螺和大多数其他软体动物都有鳃。但陆生蜗牛的鳃变成了真正的肺，通过肌肉来吸入和呼出空气，就像人类的肺一样。不管是哪一种，呼吸器官就在头部和外壳之间，在覆盖层的表面。章鱼和鱿鱼是软体动物家族当中体型最大的成员，它们的鳃还具有另外一种完全不同的功能：喷气推进。

真的吗？我还以为它们是靠触须来蠕动的呢。

章鱼确实会在表面爬行，但当受到惊吓时，它们就会把水吸入外套膜腔，然后朝它们想去的反方向喷射出去。鱿鱼经常像这样喷射。得益于这样快速、喷射式的动作，鱿鱼、乌贼和章鱼（属于同一科，叫作头足类）已经进化成了敏捷的食肉动物，而

不是被动的、黏糊糊的植物和浮游生物捕食者。它们有敏锐的视觉和反应能力，是非常聪明的无脊椎动物。众所周知，鱿鱼和乌贼通过身体上闪烁的光的图样来进行交流，而章鱼在捕猎时表现出了非常巧妙的解决问题的智慧。

它们也可以长得很大，非常非常大。巨型乌贼可以长到十米以上，经常和抹香鲸战斗。最近发现的大王乌贼长到了13米甚至更大。

太诡异了！那既然它们这么聪明，为什么鱿鱼和章鱼没有爬出海洋到陆地上，进化成……鱿人什么的来生活呢？

有一部分原因是上岸不是那么容易的。它们的触须充满了水，适应在水下移动，在陆地上则松软无力，派不上用场。（如果你见过岸上的鱿鱼或章鱼你就懂我的意思了。）这对于我们陆地上的动物来说或许是一件好事。

如果是在另一个星球上呢？有可能吗？

这谁知道呢。不过我可以确信，一个呼吸空气的鱿人种族可太吓人了。想想看，头足类动物是非常智慧、善于交际并且非常隐秘的食肉动物。在地球上，它们因不能离开水而受到了限制，即便离开了水，也要面临陆地上的大型捕食者和竞争者。

对啊！或许在其他星球上它们能进化出超级智能和先进的科技。然后它们还有可能发动一场全面的外来软体动物入侵！那时候我们该怎么办？

派法国人过去就好了，拿着大餐叉和大蒜、黄油。

有脊柱的大家伙们

鳄鱼为什么要蠕动着走路呢？

因为像大多数爬行动物一样，鳄鱼不能转动它们的髋部或肩膀。所以它们必须左右扭动脊椎才能“蛇形”前进。爬行动物和哺乳动物的身体构造不同，虽然它们在陆地上比鱼类和两栖类更灵活，但在行走、奔跑、跳跃方面却比不过猫、狗和人类。

为什么呢？我还以为蜥蜴和鳄鱼跑得很快呢。

有一些确实可以，但它们和哺乳动物还是不在一个水平上的。

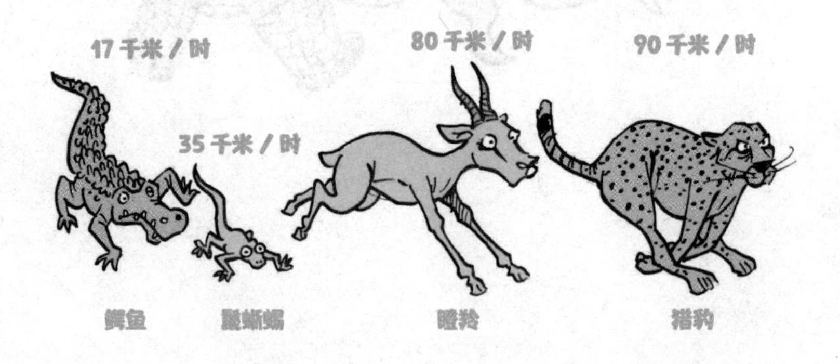

更重要的是，猎豹和瞪羚在奔跑时还可以躲避和转身。任何爬行动物都无法做到这一点。

这是为什么呢？

这是因为它们的身体构造和进化的结果。不过，我不会直接告诉你，我们先来做个小实验。

像……鱼一样走路？

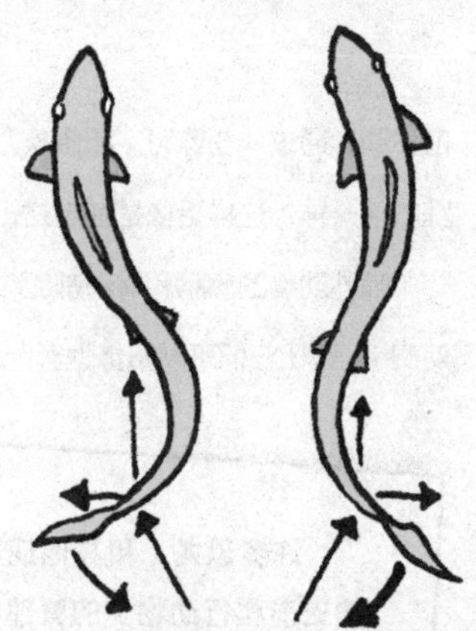

躺在地板上，腹部朝下，双臂放松垂在身体两侧。想象一下，你被蛇咬了，四肢瘫痪了，你根本不能感受到或移动身体。现在试着在地板上用肩膀、髋部以及扭转脊柱来挪动整个身体。

是不是不太容易？但你刚刚做的这些几乎是鱼在游动时能做的所有动作了，这让它们可以在水里游泳，但在陆地上，只扭动脊柱可帮不上什么忙。

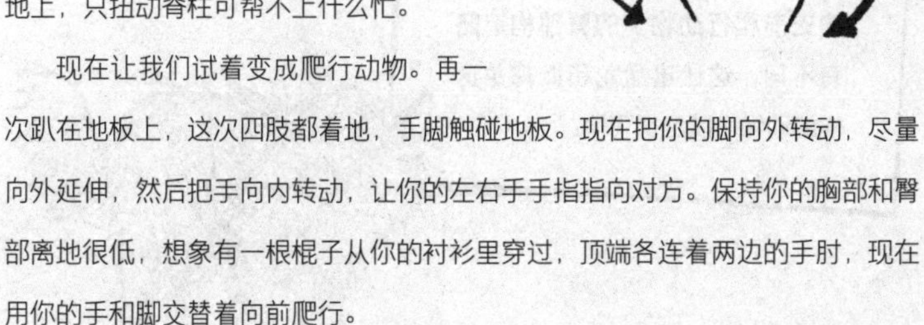

现在让我们试着变成爬行动物。再一次趴在地板上，这次四肢都着地，手脚触碰地板。现在把你的脚向外转动，尽量向外延伸，然后把手向内转动，让你的左右手手指指向对方。保持你的胸部和臀部离地很低，想象有一根棍子从你的衬衫里穿过，顶端各连着两边的手肘，现在用你的手和脚交替着向前爬行。

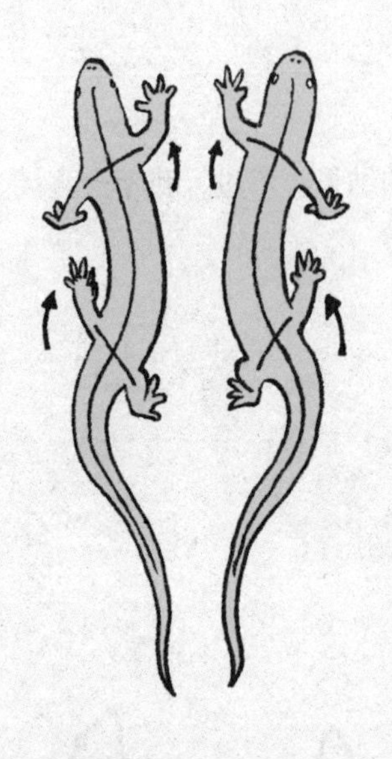

这有点儿别扭，但比鱼要快一点儿，容易一点儿。蝾螈、蜥蜴和鳄鱼就是这样爬、跑的，有一些甚至是这样跳的。由于大多数爬行动物的肩膀和臀部都不能像哺乳动物一样自由独立地旋转，它们必须像长腿的陆地鱼一样扭动整个身体才能前进。这往往会限制它们的速度和灵活性。

现在让我们进化成哺乳动物。还和之前一样，四肢着地，手脚触碰地面。但这次，伸直你的手和脚，朝向前方。踮起脚尖，稍微把身体抬高一点儿。现在试着向前移动。通过一些练习（和想象力！）你可以将身体变得像一只邪恶的、正在追踪的猫一样（这样更像是在走路，而不是爬行）。

哺乳动物的肩膀和臀部都比较放松，膝盖和手肘相对（而不是横着伸向身体两侧）。这让它们可以熟练地奔跑、跳跃和躲闪。

许多恐龙（和其他现已灭绝的史前爬行动物）的臀部构造略有不同，这让迅猛龙和似鸡龙这样的动物可以跑得飞快。

太酷了！我们哺乳动物太厉害了。

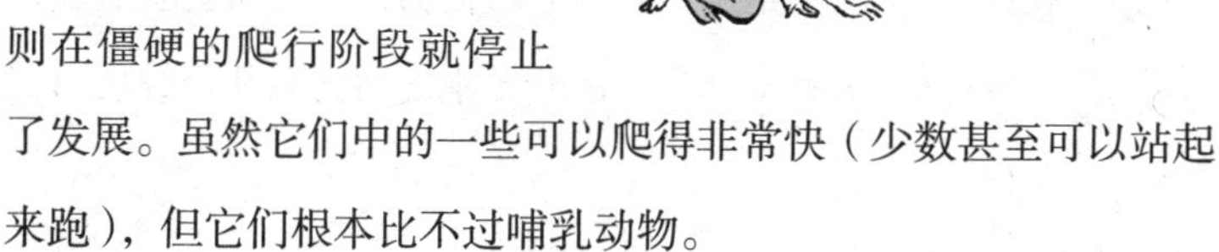

仔细想想，我们从婴儿到幼儿再到儿童就是以这样的方式学习移动的。首先，婴儿学会扭动脊柱，这样就可以自己翻身坐起来了。接着学会了爬，最后学会了走、跑和跳。然而爬行动物则在僵硬的爬行阶段就停止了发展。虽然它们中的一些可以爬得非常快（少数甚至可以站起来跑），但它们根本比不过哺乳动物。

鱼是什么时候长出脚来的？是在它们离开水之前还是之后呢？

几乎可以肯定是在那之前，因为如果没有脚的话，它们呼吸空气的两栖后代甚至不可能离得开水，更不可能享受在陆地上生活的优势。其实，不光是青蛙的脚，蜥蜴的四肢、老鼠的爪子和人的手脚都是从鱼的肉质鱼鳍进化来的。

你确定吗？它们就不能从水里跳出来，先在岸上扑通扑通跳一会儿吗？

好吧……然后它们又会怎么做呢？

呃……扑向一只过路的昆虫，然后再扑通一声跳回水里？

嗯……我们已经知道了在陆地上移动的鱼有多么不灵巧，你自己刚刚也试过了，不是吗？鲨鱼有时候为了追赶海豹会搁浅在浅滩上，一旦搁浅那就麻烦了。离开了水之后它们几分钟之内就会窒息。

对，但这是因为鲨鱼不会在水外呼吸，不是吗？那如果鱼进化出了肺，然后再跳上沙滩呢？

嗯……鲸鱼可以在水外呼吸，但它们一旦搁浅也会很麻烦。

那行吧。那如果是体型轻巧，并且可以在岸上自由移动的鱼呢？

问得好。但要想活跃地在水外捕猎、繁殖或存活一段时间，鱼就需要在陆地上抬起和移动自己身体的方法。也就是说，它们需要腿部肌肉，至少也得有腿部肌肉的雏形。我们几乎可以肯定最早从水中出来在陆地上活动的生物就拥有这样的肌肉。

就在几年前，科学家们通过寻找化石发现了一些令人难以置信的证据，证明鱼类最初是怎样离开水变成四足动物的（有四条腿的陆地动物，比如青蛙、蜥蜴和黄鼠狼）。毫不夸张地说，是一条会做俯卧撑的鱼。

什么？别开玩笑了。

我可没开玩笑，事实就是这样的。这种古老的提塔利克鱼大约生活在3.75亿年以前。

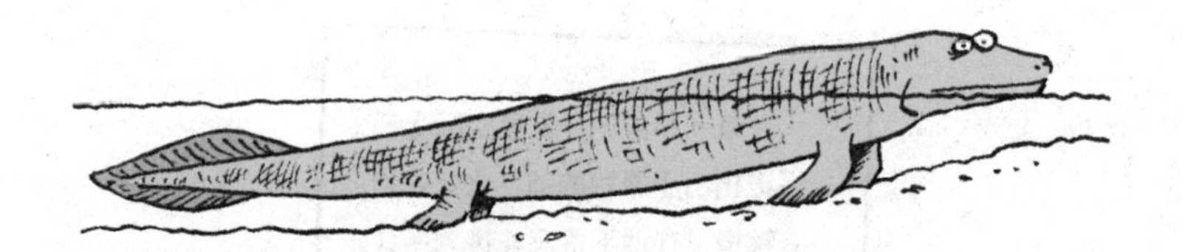

它的特别之处就在于它的前鳍有明显的可以弯曲的腕骨和似骨的“手指”，让它们可以把自己撑起来。尽管它的鳍还没有强壮到可以支撑它行走，但也足够可以做俯卧撑一样的动作来让它的头抬出水面（或许是为了抓捕飞过水面的昆虫）。专家们认为，提塔利克鱼很可能进化成了棘螈或鱼石螈（一种生活在沼泽的动物，有点儿像大鲵，是目前已知最早的四足动物），最终进化成恐龙和其他陆地爬行动物。

小知识：失去的四肢

动物也会失去它们通过进化而获得的特征。蛇在进化过程中失去的腿，就像鲸鱼和海豚回到海洋之后失去的腿一样。还有一些动物获得了（后来又失去）了尾巴、皮毛、羽毛……甚至眼睛和耳朵。这完全取决于为了生存它们需要什么和不需要什么。自然选择并不在乎动物的长相。有一些活下来了，有一些死了，有一些会繁殖，其他的被淘汰了，最终适应能力最强的生物幸存了下来，这和它们的长相没有关系，尽管有可能它们有的还是会喜欢长着腿的自己。

*信不信由你，有些现存的蛇的鳞片下面还藏着髋骨和腿骨！

所以它们有肌肉的腿是还生活在水下的时候就进化出来的吗？

一点儿也没错！

那它在水下为什么会需要脚呢？

可能是为了让自己像现在的海牛一样沿着浅滩和河床快速移动（当然，海牛是哺乳动物，我就是打个比方，你懂的）。一旦鱼的肌肉足以将自己支撑起来，就出现了新的可能，比如在陆地上找到新的食物，或躲避水中的鲨鱼和其他捕食者。然后自然选择就很好地解决了其他的问题。

也就是说进化“偷走”了鱼鳍，换成了腿。

对！这种用一种结构（比如鳍）来形成另一种结构（比如腿）的现象在进化过程中非常普遍。调整本身就有的身体部位，比从无到有发展一个要容易多了。这个原则同样适用于眼睛、翅膀，甚至我们大脑的一部分。

那么，从那以后，鱼就进化成了两栖动物、蜥蜴或哺乳动物对吗？

没错。

最早的鱼就像是扁平蠕虫，没有下巴、眼睛、鱼鳍和脊柱。后来，它们发展成像鳗鱼一样的鱼，有肉质的鳍和吮吸状的嘴，就像现在的盲鳗和七鳃鳗。在那之后就有了骨颚和鳍的鱼。这些有脊骨的硬骨鱼经过了像提塔利克鱼一样的四足动物阶段，后来离开水在陆地上生活。

有了脊椎骨，脊髓和肌肉发达的四肢就有了灵活性、力量和力气。正是这些让它们得以成功地进化成更广泛的生物种类：两栖动物、蜥蜴、鸟类和哺乳动物等。

小知识：我们像鱼一样的过去

鱼类是我们进化的祖先，因为它们是最早的脊椎动物。

事实上，即使到了今天，你也可以在我们身上看到鱼类祖先的特征。四周以内的人类胚胎和鱼的胚胎看起来很相似。两者都有长尾巴、短粗的像鱼鳍一样的四肢，甚至还有一组鳃槽。但在那之后，人类胚胎由于脊椎在尾骨处停止发育而失去了尾巴，短粗的四肢长成了胳膊和腿，古老的鳃骨成了颌骨、内耳和喉的一部分。

鱼胚胎

人类胚胎

为什么青蛙老是“呱呱”地叫？

它们会伴随着呼吸叫，因为青蛙与人类不同，它们必须通过吞咽将空气强行送入肺部。呱呱的叫声其实就是青蛙的歌声。它们通过这种方式来吸引配偶、标记领地或者聊天气！

青蛙通过吞咽空气来呼吸？等等！你是说青蛙有肺或者腮吗？

两种都有。大多数的青蛙还可以通过皮肤来呼吸。

什么？

是真的。青蛙、蝾螈和火蜥蜴是两栖动物的主要组成部分，它们是第一批由四足动物进化而来的、能同时生活在水里和陆地上的生物。在两栖动物当中，蝾螈和火蜥蜴属于有尾目动物，而青蛙和蟾蜍则是无尾目动物。你大概知道这些名字的来源吧。

在希腊语中，两栖动物的意思就是“两种生活”，这很好地概括了它们的栖息地。

雌性阿根廷达尔文蛙会在丛林中产卵，雄性会捡起卵并将它们保存在自己的下巴袋当中。卵会在里面孵化成蝌蚪，青蛙爸爸会在它们长到一半的时候将它们吐出来。

在青蛙和蟾蜍还是蝌蚪、只生活在水中时，它们通过腮和皮肤呼吸。但在它们长出腿的同时，也长出了气囊或肺。成年的青蛙和蟾蜍主要靠肺进行呼吸，不过它们还是会继续通过皮肤呼吸。这也是青蛙和蟾蜍倾向于生活在潮湿或有水的地方（比如池塘、河流和雨林）的一部分原因。它们必须保持皮肤湿润以便于从空气中吸收氧气。另一个原因当然就是大多数的青蛙和蟾蜍要在水中产卵。

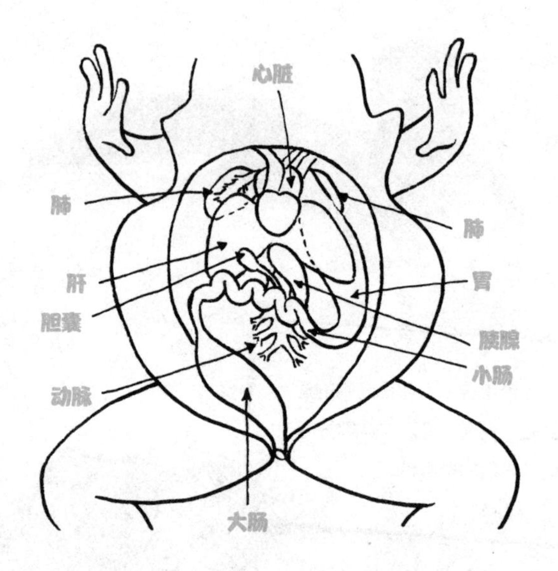

那蝾螈呢？它们也可以通过皮肤来呼吸吗？

蝾螈和火蜥蜴就有点儿复杂了。它们大多数都可以通过皮肤呼吸，不过有一些有肺，其他的则没有。

大多数幼年蝾螈和火蜥蜴都有体外的羽毛状的腮。成年之后则变成体内的腮，一生都在水中使用。

小知识：奇怪的火蜥蜴

古怪的墨西哥蝾螈即使在成年之后也保持着羽毛般的外部腮。所以它一生看起来都像成年的婴儿。

为了了解这有多不寻常，你可以想象一下如果自己是一个1.82米高的成年人，你的躯干很长，但是四肢很短，有一个像婴儿一样的超大的头。在其他火蜥蜴看来，墨西哥蝾螈应该就是这么奇怪。

一些火蜥蜴长出了肺，失去了腮，但仍然生活在水里。它们必须像海豚一样浮出水面才能呼吸。另一些则没有肺也没有腮，一直生活在陆地上，只能通过黏糊糊的皮肤来呼吸。在天气干燥的时候它们就有麻烦了，因为如果皮肤太干燥，它们就无法呼吸，很快就会窒息死亡。

当然，所有这些奇怪而美妙的生活习性都为我们研究它们的进化提供了线索。两栖动物是所有脊椎动物中时间最长的。现在的青蛙、蟾蜍、蝾螈和火蜥蜴都是从两亿年前，也就是恐龙占领陆地的初期，由肉质的长鳍鱼类进化而来的。爬行动物和哺乳动物是从一群陆生的、有肺的蝾螈类动物进化而来的，它们开始在陆地上度过越来越多的时间。

至少有一位生物学家认为，青蛙进化出这种高速跳跃是为了躲避饥饿的恐龙！

为什么这么说？

嗯……我是说，如果我们不是从那群有肺的动物进化而来的话，说不定我们就得靠皮肤呼吸了！

实际上，我们光靠皮肤呼吸是远远不够的。我们的身体比小型动物需要的氧气更多，因此我们需要更大的表面积来交换氧气和废气。幸运的是，肺给我们提供了这个额外的区域。如果你把我们肺里所有细小的分支管和肺泡展开，它的表面积大概相当于一个网球场！

耶！如果我们真的得靠皮肤呼吸的话，那我们就不能穿衣服了，否则我们就会窒息。那所有人都得是裸体的，包括我们的父母！太难以想象了。

呃……这倒也没错。

所以，青蛙的肺和我们的肺是一样的吗？

不完全一样。与青蛙和其他呼吸空气的两栖动物不同的是，我们有肺肌。最重要的是位于肺肌下方大而平的隔膜肌。我们可以通过隔膜肌，扩大胸部的两个气囊来吸入空气。

而青蛙是没有肺肌的。它们用嘴巴和喉咙的肌肉来代替。呼吸时，青蛙闭紧嘴巴，通过鼻孔吸气，然后将空气吞下去进入肺部。它们通过降低和提高嘴巴的底部来完成这个过程，这让它们看起来每隔几秒钟就像吞咽东西一样。

这就解释了青蛙的吞咽。那呱呱的叫声是怎么回事呢？

在某种程度上，叫声是和呼吸相关的。许多蛙类嘴巴下方都有一个大而有弹性的声囊。当青蛙深吸一口气时，声囊就会像气球一样膨胀并吸入空气，再通过收缩声囊的肌肉，从喉咙将空气传输到或排出肺部，并在通过喉咙的时候震动声带。这就是我们都知道的呱呱声的原因了。

其实只有少数的青蛙是"呱呱"这么叫的。我们之所以会把这个声音和青蛙的叫声联系在一起是因为美国加州当地的青蛙是这么叫的。在早期的好莱坞电影中，为了给以沼泽和丛林为背景的电影配音，音响工程师们录制了当地青蛙的声音片段来使用。同样的声音片段被使用了很多年。大多数人认为青蛙的叫声是"呱呱"，是因为电影里的青蛙叫起来就是这样的。

通过不同的方式收缩和震动声带，不同种类的青蛙可以发出截然不同的叫声。有一些听起来像铃铛、锣或口哨声，另一些像滴水的龙头、打嗝、汽车喇叭或单簧管！巴西或婆罗洲的热带雨林中生活着很多种青蛙，青蛙们会彻夜鸣叫，就像是一个青蛙乐团一样。

只不过在真正的乐团里，是不会有吹口哨的人和打嗝的人在小提琴和单簧管旁边“演奏”的。

也是。但如果是真的，或许它们能演奏一曲“蛙扎特”。

哈哈哈。

或者一曲“蝾螈多芬”。

我的天！

滴滴答，咕咕呱～

恐龙的故事

恐龙还会回来吗？

有些恐龙甚至从未离开过！有许多小型恐龙其实并没有灭绝。它们进化成了我们每天都能看到的鸟类。至于其他的，应该是不会再回来了。现在也不可能像电影《侏罗纪公园》一样，用古老的DNA克隆出它们。即使可以，现代世界对于恐龙来说也不会是一个宜居的地方。

它们没离开过？你的意思是它们还在？

从某种程度上来说，是的。并不是所有的恐龙都灭绝了，而且很多死去的大型爬行动物其实并不是恐龙。

大多数书上把恐龙翻译成“可怕的蜥蜴”，但实际上，它们更接近“令人敬畏的蜥蜴”。

是吗？

听我解释。

“恐龙”这个词来自两个希腊单词，意思是“可怕的巨型蜥蜴”。它描述了生活在2.05亿到6500万年前的两大爬行动物群体，分别是鸟臀目恐龙和蜥蜴臀目恐龙。你应该已经猜到了，

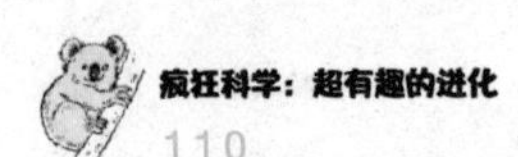

这两个群体是根据它们髋骨的形态命名的，一些的形状像鸟（向后倾斜），另一些像蜥蜴（向前倾斜）。明白了吧？

明白了。

很好。

小知识：鸟臀目恐龙和蜥蜴臀目恐龙

鸟臀目恐龙（食草恐龙）	**蜥臀目恐龙**	
	蜥脚类（四足行走的食草恐龙）	**兽脚类（两足行走的食肉恐龙）**
剑龙 	梁龙 	迅猛龙 
甲龙 		
三角龙 	雷龙 	霸王龙 
禽龙 	腕龙 	巨兽龙 

但恐龙并不是唯一的爬行动物。空中有飞行的翼龙（包括著名的翼手龙）。

海洋中还有像尼斯湖水怪的蛇颈龙和像海豚的鱼龙。陆地上还有帆背的齿龙和其他动物。

所以说，它们都不是恐龙吗？

对的。大多数人误以为它们是恐龙，但严格来说并不是。它们只是大型史前爬行动物。不管怎么样，这些无所不能的爬行动物共同统治地球超过了1.5亿年。遗憾的是，在大约6500万年前的白垩纪末期，它们大多都走上了同样的道路。

那时候发生了什么呢？它们为什么灭绝了？

据我们所知，大多数恐龙都是在白垩纪晚期发生的一系列事件中灭绝的。其中包括大规模的火山喷发，一些巨型小行星的影响（其中一颗在靠近墨西哥海岸的海域撞毁），以及一段快速的、灾难性的气候变化。

不管是什么原因，在白垩纪末期，大多数恐龙以及地球上五分之四的植物、三分之一的哺乳动物和高达65%的动物物种都灭绝了。然而，它们不是一下子就消失了的，当几乎所有的鸟臀目恐龙都灭绝的时候，还是有一小部分挣扎着活了好几千年，许多蜥目兽脚亚目的恐龙幸存了下来并且进化了。

等等！活下去的那部分是包括了迅猛龙和雷克斯暴龙在内的吧？

是的。

我的天！那它们在哪里呢？

不幸的是，那些最大的兽脚亚目动物都死了。但一些体型较小的则进化出了羽毛，最终形成了翅膀。所以，当很多史前的大型爬行动物都死了的时候，许多蜥科动物却以现在它们的后代——鸟类的形式存活了下来。

真的吗？就像鸡、麻雀和鸵鸟这些？

当然是真的。你仔细想想，也并没有那么夸张，只要观察鸡或鸵鸟的走姿就行了。看看它们有鳞的腿和长爪子的脚。然后想象一下它们没有毛的样子，是不是就像一只迷你迅猛龙？

小知识：鸟是怎么学会飞的？

在达尔文的时代之前，鸟类飞行一直是一个谜。科学家没法断定早期鸟类飞行的精确方式。但他们认为早期开始飞行的动物可以被分成两个阵营：从高处跳下的胆大的滑翔的鸟和从地面起跑的跳跃拍翅的鸟。

跳跃拍翅的鸟

鸟类是从小型兽脚亚目恐龙进化而来的。这些爬行动物没有羽毛、没有翅膀，靠两条腿在地上奔跑，就像鸵鸟或走鹃那样捕食猎物和逃脱捕食者。接着这些恐龙发生了突变，身体和前肢长出了羽毛。起初这些羽毛可能只是可以帮助它们保暖，但后来又有了不同的作用。

有时候，当被捕食者追踪时，这些早期的恐龙鸟类必须奔跑并且跳过障碍，爬过斜坡或爬上垂直的树干才能逃脱。如果这些突变了的、长着羽毛的陆地奔跑者能够在逃命时拍打它们粗短的手臂，或许它们就能跑得更高一些。这比完全没有“小翅膀”的动物要更容易生存，所以相较于没有“小翅膀”的动物，自然选择更倾向于有翅膀的动物。随着时间的推移，有更大、更强壮翅膀的这些恐龙就进化了。最终，它们会长出足够大的翅膀，完全离开地面，变成拍打着翅膀的、飞翔的鸟。

从高处跳下滑翔的鸟

有些早期的、有羽毛的恐龙可能会为了寻找食物或躲避追捕者爬到高树上，然后像跳伞一样慢慢滑翔到地面。这听起来好像需要付出很大的努力，但其他动物，比如蜜袋鼯和鼯鼠已经知道要这么做了。这两种哺乳动物都有从手到脚的片状物，形成了一层薄薄的、肉质的滑翔伞或降落伞，这样的结构可以让它们在空中长距离飞行。

无论它们是以跳跃拍翅的方式还是从高空滑翔方式进化的，鸟类已经走过了很长的一段路。虽然其他动物都进化出了各种各样的战斗能力，但鸟类无疑是最熟练的飞行者。

你说得很好。不过一只鸡大小的恐龙可一点儿都不可怕，对吧？

直到17世纪，你都可以在马达加斯加岛上看到更大、更可怕的恐龙后裔。高3米、不会飞的象鸟大约有半个剑龙那么大，但仍足以精准地踢伤或杀死你。不幸的是，这还不足以保护它免受人类的伤害。大约400年前，它们就灭绝了。

如果能见到一只该有多酷啊。可是为什么那些体型大的都灭绝了呢？它们看起来可太酷了。如果鳄鱼和大型蜥蜴这些爬行动物和恐龙一样古老，那为什么恐龙灭绝了而它们却没有呢？

这个我们也不能确定，但可以肯定地说，即便大多数恐龙都因为大约6500万年前的剧变而消失了，鳄鱼却因为更好地适应变更的环境而存活了下来。这可能还与体型和竞争有关。更大的动物需要更多的食物，所以可能比鳄鱼大的爬行动物更难找到足够的食物。

大型爬行动物也很难调节体温（这就是为什么鳄鱼和短吻鳄只生活在热带和亚热带地区）。与鳄鱼和体型较小的爬行动物相比，没有皮毛或羽毛的恐龙很难在小行星撞击、火山爆发和气候变化之后的寒冷天气中保持体温。这可能也解释了为什么一些较小的动物进化出了羽毛，成为鸟类。所以它们进化成鸟类最初的原因是为了取暖而不是飞行。

不管是因为什么，我们可以确定的是如果恐龙可以回来，它们会发现这是一个和它们生活的世界完全不同的地方，是一个它们难以生存和繁衍生息的地方。

小知识：关于恐龙的一些事实

*绝大多数的恐龙都是食草动物而非食肉动物。

*著名的霸王龙其实并不是最大的食肉恐龙。最大的霸王龙有13米长，重达6吨。但帆背棘龙有18米长，重达10吨，可比霸王龙大多了。霸王龙显然是幸运的，因为帆背棘龙生活在霸王龙称霸的几千年前，所以它们从没相遇过。

*许多恐龙都有羽毛，有些的羽毛颜色非常鲜艳，就和现在的孔雀和鹦鹉一样。

*雄性迅猛龙有羽毛状的“头结”发型，它们可能会用自己特别的发型来吸引挑剔的雌性。

但是恐龙很顽强，没有什么生物可以打败恐龙，它们可是地球最强者！

也许是，也许不是。首先，它们在没有哺乳动物的情况下征服了地球。但当恐龙灭绝后，哺乳动物接替了它们的位置，在食物链中取代了它们。如果放到现在，让它们与无情的、以蛋为食的哺乳动物竞争，它们或许不一定能赢。

恐龙再强也还是没敌过气候的变化。恐龙最后生存的白垩纪晚期的气候要比现在暖和得多。那时两极还没有冰冠，恐龙在温暖潮湿的北美、非洲、亚洲和欧洲以及凉爽宜人的俄罗斯、加拿大和格陵兰岛之间来回迁徙。6500万年之后，空气变得稀薄了，植物也不一样了，尽管全球变暖导致气温稳步上升，地球总体比那时还是变冷了许多。

正是气候和环境的疾速变化首先导致了恐龙的灭绝。如果将它们强行推到现在的世界，它们也应该不会撑多久。

好吧，那如果我们可以克隆恐龙了呢？如果全球变暖导致气温升高了很多，让恐龙比哺乳动物更适合生存了呢？它们会不会冲出实验室嘲笑包括人类在内的所有哺乳动物呢？那时候恐龙会再次统治世界吗？

这也太多个如果了，如果这些都成立的话，那我觉得还是有可能的。

哈哈，这就够了。

等等！你真的想被恐龙吃掉吗？

我才不管呢，反正恐龙最帅！

唉，你简直没救了。

所向披靡的哺乳动物

我来给你讲关于一场伟大战役的故事。

大大小小、形态各异的爬行动物贪婪地统治地球超过了1.5亿年的时间。而它们的脚边奔跑着小小的、微不足道的哺乳动物。但很快，一切都将发生天翻地覆的改变……

大火山爆发，向大气中喷发出大量的火和硫。巨石如雨点般地从天而降，狠狠砸向地面，激起的无数尘埃云连着好几个月遮蔽太阳，透不过光。气候骤变，带来了又干又冷的冬天，除了最顽强的动物，其他的都没能幸免于难。

恐龙经受着十分严峻的考验，大多数都在为了生存而挣扎。但就在它们的脚下，哺乳动物找到了生存和繁衍的方法。幸存下来的爬行动物和不断壮大的哺乳动物为了争夺这片土地的统治权，展开了最后的角逐。

最终，哺乳动物取得了胜利并遍布世界各地，开始统治着爬行动物，成为脊椎动物中的王者。哺乳动物称霸了地球，爬行动物的时代一去不复返了。

故事到这里就结束了。

或者可以说……

故事才刚刚开始

这就是为什么强大的哺乳动物成为今天最伟大的、改变了世界的动物。从最小的鼩鼱到最高的长颈鹿、最强壮的大象、最大的鲸鱼和最聪明的人类。

现在，让我们来踏上最后一段旅程，去看看脊椎动物世界的统治者。

很明显，
这就是我。

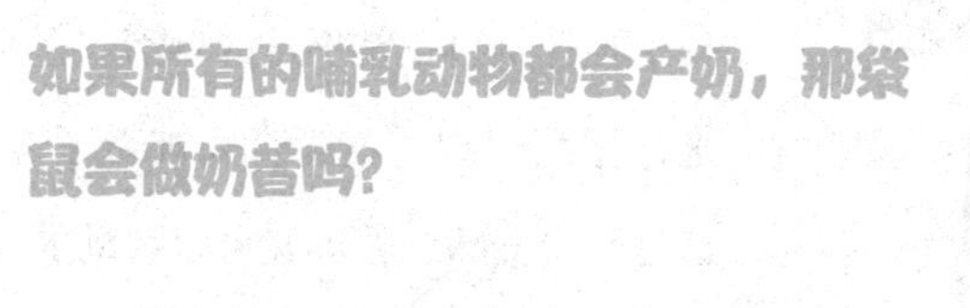

如果所有的哺乳动物都会产奶，那袋鼠会做奶昔吗?

袋鼠妈妈的确会产奶，但遗憾的是，再多的蹦蹦跳跳都不会把乳汁变成袋鼠宝宝们的奶昔。其实，普通哺乳动物的乳汁本身就很神奇。

啊？不会变成奶昔吗？太可惜了。我还想着袋鼠或许可以摘几个草莓或者香蕉放进袋子里，然后……

遗憾的是，并不可以。再说，炎热干燥的澳大利亚内陆也不生长草莓和香蕉。袋鼠的乳汁也并不在腹部的袋子里（只是袋鼠宝宝是从那里吃奶的），不过你的想法倒是挺新鲜的。

唉……那好吧。那普通哺乳动物的乳汁到底哪里好呢？

作为哺乳动物，我们会觉得分泌乳汁是再正常不过的事情。但是，仔细想想，这简直太神奇了。这是一个美味、营养又可以移动的食物。哺乳动物宝宝可以在没有其他食物的情况下靠母亲的乳汁生存几个月甚至几年。除了其他几个特点之外，产奶的能力是成为哺乳动物很重要的一部分。

这也是在我们这章刚刚介绍过的，哺乳动物在和它们的史前对手——爬行动物的古老战斗中占据上风的三大秘密武器之一。

这场战斗是挺令人兴奋的，但是我有一点儿不太理解。

哪一点？

哺乳动物一开始那么弱小，它们是如何设法生存下来并击败爬行动物的呢？

好问题！因为它们用了新的生存策略，这时候我们就要讲讲袋鼠的育儿袋和哺乳动物的乳汁了。

秘密武器一

哺乳动物是第一个能够生育的物种。而爬行动物则是通过产卵来繁殖的。一般来说，产卵意味着它们得待在原地或筑巢，当幼崽们在卵里慢慢发育的时候，它们没有防御能力并且不能移动，爬行动物父母必须保护它们，否则就可能被吃蛋的动物吃掉。即使是恐龙也必须这么做。

不过哺乳动物发现了可以避免这个弱点的方法。将幼崽直接生出来能够让哺乳动物保持移动的状态，即便婴儿很脆弱，但它们最起码可以在父母觅食和躲避捕食者时跟着一起移动。像袋鼠、沙袋鼠和负鼠（有袋类动物）进化出了育儿袋来更好地保护它们的孩子。这使得它们能够更快地繁殖，产下比胚胎大不了多少的幼崽，然后将它们安全地运输并在育儿袋当中喂养，直到它们长大到能够跟随母亲行走。

所以有育儿袋算是哺乳动物的一个加分项了，那母乳又起了什么作用呢？

秘密武器二

哺乳动物能够在迁徙途中喂养它们弱小、未发育好的、脆弱的幼崽。产卵动物的幼崽在胚胎时期以蛋黄中的营养为食，幸运的话，在蛋没有被其他动物吃掉的情况下，它们会孵化成弱小的幼崽，然后会慢慢地长大，而在这个过程中基本上得不到父母的保护，因为父母们大多数时间都在外面觅食。（就像是鸟会离巢去抓虫给鸟宝宝吃一样，然而不是所有的爬行动物都会这么照顾自己的幼崽，许多父母会在幼崽刚孵化出来不久就抛弃它们，你明白我的意思吧。）这就使得这些幼崽即使在出生之后也有被攻击的风险。

而哺乳动物有分泌乳汁的乳腺（至少雌性是有的）。这让它们变成了移动的食品分发器，在移动中大量生产出一升又一升的高蛋白、高维生素并且优质的幼崽食品。这种源源不断的液态神奇食物可以让幼崽快速地成长和成熟，让它们有更大的可能活到成年。

神奇的是，袋鼠妈妈可以产出三种不同类型的乳汁，分别含有不用含量的脂肪和营养物质，同时喂养不同年龄段的孩子。一只刚出生几天的小袋鼠可能会吮吸袋子深处的奶，而另一只三个月大的小袋鼠则跳到了母亲身下来获取另一种配方奶。所以，可以说袋鼠妈妈把喂奶变成了一门艺术。

所以这就是哺乳动物胜过爬行动物的原因吗，乳液的力量？

可以这么说。但哺乳动物还有另一招，那就是它们身体上的毛发。

秘密武器三

毛发吗？

是的。除了极少数例外，所有的哺乳动物都是有毛发或者皮毛的。然而没有任何一种两栖动物或爬行动物有毛发。它们的身上有鳞片，并且它们也缺少可以让毛囊生长的特殊细胞。毛发不仅可以让哺乳动物看起来更可爱，还能让它们保持温暖舒适。毛发和皮毛会在动物周边锁住一层温暖的空气，有助于在寒冷的环境下保持身体的热量。

希望你在这里！

而爬行动物就没有这样的保温能力，因此它们不得不在白天晒太阳（在夜间栖息）来维持体温。我们把它们叫作冷血动物或变温动物。

呜呜呜！

哺乳动物则都是温血动物或恒温动物。它们在休息时身体会产生更多的热量，并全天都可以保持体温大致相同。有毛发和皮毛（并且有好几层脂肪层）让它们可以通过保温来做到上面这一点。

所以它们温暖的血液、充足的脂肪和保暖的皮毛，可以让哺乳动物做很多爬行动物做不到的事情，比如在夜间捕食，这时候大多数爬行动物都蜷缩着，一动不动来保存能量。哺乳动物还可以在更冷、更阴暗的地方生存，比如北极、南极和山顶，冷血爬行动物在这些地方根本就无法生存。

这就是为什么有北极熊和北极狐，但没有雪蛇和冰蜥蜴的原因吧？

没错。温暖、多毛、有乳汁的哺乳动物可以在能冻死爬行动物的地方放松地乘凉。

但如果我们自己可以做奶昔的话那就太爽了！

我们可以啊。只需要电动搅拌机就行了。不过我们应该是不会进化出生产奶昔的能力了，因为没有奶昔我们也可以快乐地生存。

我不能！

行吧。那就用搅拌机做一份吧。你看，哺乳动物还会做奶昔呢！

鲸鱼宝宝有多大？

最大的是蓝鲸幼崽，出生时身长8米，体重超过3吨，差不多就和一辆大的货运车一样。成年蓝鲸不仅是现在地球上最大的动物，它还很可能是有史以来最大的动物。

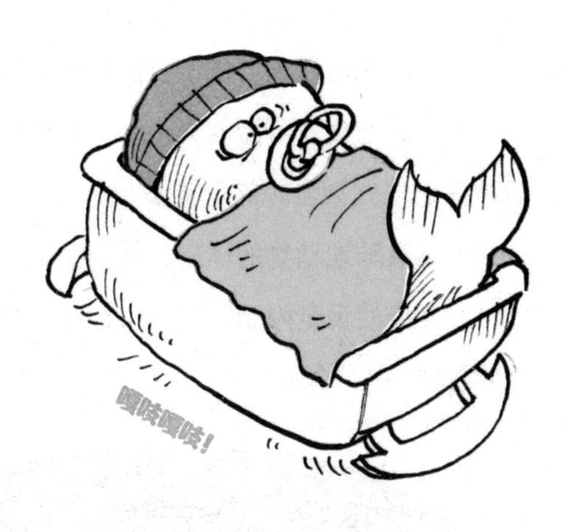

有史以来最大的动物？怎么可能？有些恐龙肯定比鲸鱼要大得多。

并不是。已知的最大恐龙是蜥脚类恐龙，其中腕龙是最大的。一只成年腕龙体长可达24米，体重不到90吨（相当于15到20头成年大象的重量）。雌性蓝鲸平均体长27米，重120吨，比腕龙大约长3米，重30吨。

哇！这也太重了！

这不算什么。有记录以来最大的蓝鲸有30米高，体重接近200吨，差不多是腕龙的两倍。

那鲸鱼和恐龙怎么会长那么大呢?

它们进化出巨大的体型可能是为了抵御捕食者。基本上，体型越大，那捕食者可能就会越少。在史前世界里，能对付腕龙的动物并不多。如今，除了人类以外，没有什么东西能杀死鲸鱼。尽管大多数陆地动物的体型，都会受到它们所能支撑和用腿移动时可以支撑的重量限制，但鲸鱼则可以利用海水的浮力来支撑自己的身体。

它们怎么做到的?

通过漂浮。尽管鲸鱼的身体非常重，但依然可以浮起来，这就意味着它们可以排开足够的水来让自己漂浮。由于水可以支撑它们的身体，因此鲸鱼可以长得比在陆地上更大。非洲丛林象是最大的陆生动物，它们可以长到4米长，体重4至7吨，而很多鲸鱼都比它们要大得多。我们来看看下面这个表格。

动物的重量

动物	长度（米）	重量（吨）	相当于几头大象
非洲象	4	5	1
虎鲸	10	10	2
座头鲸	14	40	8
抹香鲸	18	45	9
蓝鲸	26	120	24

许多鲸鱼比最大的陆地动物要大好多倍。但它们不是一直这么大。事实上，它们是在回到海里之后才长得这么大的。

回到海里?

没错，回到海里。你知道的，鲸鱼是哺乳动物。而且像所有其他哺乳动物一样，它们是从离开水在陆地上生活的鱼类和两栖动物进化而来的。在那里，它们的祖先进化出了腿、肺、温暖的血液、皮毛和乳腺。后来，它们又回到了沼泽和浅海，失去了腿，又进化成了水生动物。从海洋到陆地再返回海洋的这个过程用了超过3亿年。在第三纪，也就是大多数恐龙灭绝后的1500万年，早期的鲸鱼就在史前的海洋里快乐地游泳了。

鲸鱼曾经有腿? 太奇怪了。它们长什么样子呢?

鲸鱼、海豚和鼠海豚共同组成了鲸类动物。它们在陆地上关系最近的亲戚可能是河马，但它们已知的最早的祖先来自古鲸群。5000万年以前，它们生活在淡水河流以及沼泽中。它们有四条粗短的（但可以行走）的腿。

或许当时它们捕猎、繁殖和躲避大型捕猎者时会在陆地和水域之间来回活动。但在它们的后腿中，大腿骨（或股骨）慢慢变小了，这样它们看起来就很像流线型的鲸鱼了。

走鲸是古时候鲸鱼的另一种祖先。它的体型和现代的海狮差不多，并且移动的方式也非常相像。在水里时，它会摆动脊椎游泳，带蹼的脚拖在后面；在陆地上时，它会用前肢行走，把虚弱的后肢拖在后面。

在我们刚刚讲的这两类动物中，现代的鲸鱼和海豚很可能最终是从古鲸进化而来的。它们失去了全部的后肢，身体末端进化成了鳍，它们的尾巴可以推动着它们在水中穿行。鼻子也移动到了头顶，不用抬起整个头也能呼吸到水面上的空气。

或许鲸类动物最令人惊叹的是它们的智慧。座头鲸在世界各地的海洋中迁徙数万公里，通过唱出的低沉、次声波的歌，在3000千米甚至更远的距离内可以相互交流。

而海豚会成群结队地捕鱼，用超声波发出快速的咔嗒声相互交流。在测试中，海豚展现出了能够解决问题的智慧，并能在镜子或视频中识别到自己的图像。它们也以顽皮和好奇的天性而闻名，经常会和游泳者或潜水者一玩就是好几个小时。

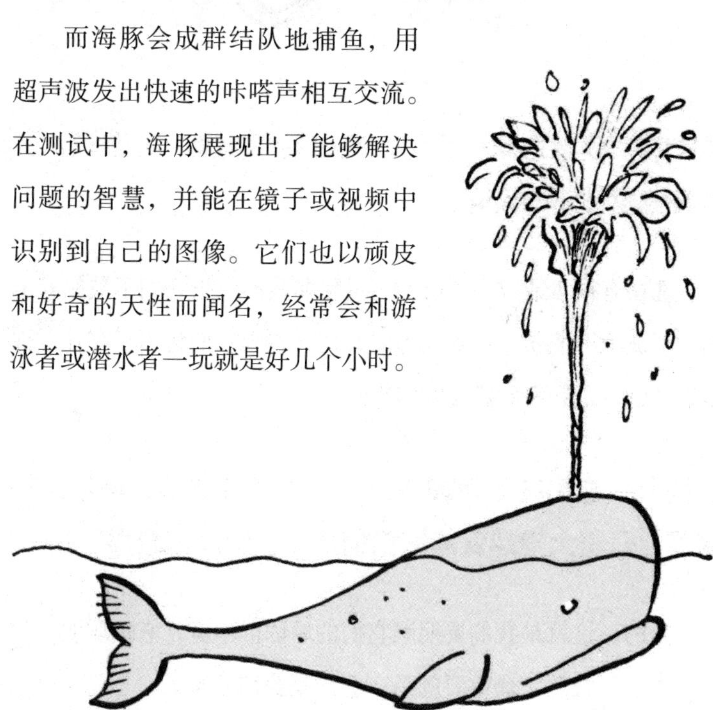

真的吗？我也想玩！我可以在哪里和海豚一起游泳？可以在哪里看到鲸鱼呢？

现在有很多地方都可以。不过除非我们保护它们不被船只击中，不被渔网捕获，不被捕鲸船叉住，否则它们将不复存在。许多物种的鲸鱼和海豚已经濒临灭绝。

我的天！它们在陆地和海洋中生存了3亿年，然后人类来了，开着大渔船就能把它们杀死。这太不公平了。

是的。这就是我们要照顾它们的原因。毕竟，它们聪明、优雅、顽皮、智慧，最重要的是，它们是我们的家人。

老虎会发出咕噜声吗？

不会。至少不会像你家的宠物猫一样发出咕噜咕噜的声音。老虎以及其他的大型猫科动物的喉部骨骼结构和小型猫科动物不同。所以老虎、狮子和豹子的喉咙，只会在吐气时发出隆隆声，它们不能像家养的小猫咪那样，在呼吸的时候可以持续不断地发出声音。另一方面，几乎所有的大型猫科动物都会咆哮，这对野生动物来说可能是更有用的声音。

所以大型猫科动物不会发出咕噜声吗？为什么呢？

因为尽管它们都属于哺乳动物的同一个科，并且都有共同的祖先，但大猫和家猫进化出了不同的声音，每种声音都适合它们各自的生存方式。看起来大猫用它们咕噜咕噜的声音换来了能发出巨大声响的咆哮声。

为什么会这样呢？

家猫和其他小型猫科动物的喉咙里有一块坚硬的舌骨，支撑着它们的舌头和发声肌肉。当空气随着吸气和呼气在这块骨头上来回流动时，舌骨（连同声带肌肉）振动，发出连续的咕噜咕噜的声音。你应该已经知道了，猫用这样的咕噜声进行交流。

比如，告诉你它们很快乐？

是的。但不同音调的咕噜声，从低沉隆隆声到高颤音，也可以含有不同的意思。比如“我很不安”“我很生气”，甚至“我很痛苦”。

哦！这个我知道。那如果老虎不会发出咕噜声，那我们怎么才能知道它们是高兴、不安还是生气呢？

说真的，即使它们会发出咕噜咕噜的声音，你愿意冒险近距离地聆听吗？

呃……这倒是不会。你说得对。

包括老虎在内，大多数动物其实都是不会的。这可能也是大型猫科动物的进化过程更久的原因。大多数大型猫科动物（美洲虎属）的舌骨有弹性，当呼出的空气吹过时，舌骨可以像长号一样滑动和伸展。不好的一点是，这并不能为持续的咕噜声提供足够的支持；从好的方面来说，它确实（和声带肌肉一起）可以让大型猫科动物们有更快、更强劲、更大的振动，也就是咆哮声。

它们会用这样的咆哮声来吓走其他的猫科动物，对吗？

是的。大型猫科动物可以在8千米以外甚至更远的地方发出警告。不过，正如小型猫科动物的咕噜声一样，它们也会用自己的咆哮声来吸引配偶，表达愤怒、不安或痛苦。

小猫会发出咕噜声但不会咆哮，大多数大型猫科动物会咆哮但不会发出咕噜声。同样，狗和熊是近亲，狗会叫但不会吼，熊会吼但不会叫。

狗和熊之间有关系吗？

当然。事实上，狗、熊和猫都属于一个更大的哺乳动物目：食肉目。

也就是说它们都是吃肉的动物，对吧？

是的。但是“食肉动物”这个词的意思是任何吃肉的东西（这其中包括很多种爬行动物、鸟，甚至还有一两种植物！）食肉目事实上只代表大约11个科的食肉哺乳动物。许多生物学家也会互换着用这两个词，所以我们也可以。

并不是所有食肉动物都捕食和吃肉。像土狼和浣熊这样的动物大多都是食腐动物，而不是猎人。还有比如熊猫和食蚁兽以植物、鱼和昆虫，或这些东西的混合物为食。

食肉动物一共有多少种？

如果我们说的是食肉目动物，那大约有270种，分为11科。其中包括：

- **猫科**（家猫、野猫、丛林猫、狮子、老虎、豹子、美洲虎、黑豹、美洲狮）

- **犬科**（狗、狼、野狗）
- **鬣狗科**（鬣狗、土狼）
- **熊科**（熊）

- **浣熊科**（浣熊、蜜熊）

- **鼬科**（鼬、水貂、臭鼬、水獭）
- **獴科**（猫鼬、狐獴）
- **灵猫科**（果子狸、麝猫、熊狸）

这其中很多你可能根本都没听过。比如果子狸和麝猫，看起来就像狗一样大小的黄鼠狼或狐獴，遍布整个非洲和东南亚。熊狸看起来像巨大的浑身黑色的浣熊，有着长长的、肌肉发达的尾巴，它们也生活在东南亚的丛林里。虽然我们不经常听到（或见到），果子狸、麝猫和熊狸在外观上非常接近第一种食肉哺乳动物——小古猫。这种动物在白垩纪晚期，大多数恐龙陷入麻烦之后的几百万年之后才开始进化。从这种奇怪的动物开始，所有的猫、狗、熊和其他的食肉类动物都进化成了现在的样子，并分散到了世界各地。

人类是动物、猿类还是就只是人类呢？

这三种都是！和所有其他哺乳动物一样，我们人类是多毛的温血动物。我们生下幼崽，用自产的奶来喂养他们。和所有的灵长类动物（包括猿类和猴子）一样，人类有敏锐的视觉、朝前的眼睛和拇指关节，这让我们能够抓握东西。尽管我们已经失去了大部分的毛发和皮毛，我们的大脑也有了一些额外的部分，但其实我们与远方哺乳动物表亲之间的相似之处比我们想象的要多。

得了吧！我们跟猿猴和猴子之间简直千差万别，我们可一点儿也不像它们。

行，既然你这么说，那到底哪里不一样呢？

嗯……它们浑身都是毛发。

没错，但很久以前我们也一样。原始人类（或类人）祖先，比如南方古猿，和现在的猿或猴子一样多毛。它们行走在非洲平原上也才是500万年前的事。即使是现在我们也还是多毛的动物，尤其是成年男性。只是我们的毛发变细变轻了。只在某些身体部位还留有厚重的毛发，比如头部、面部、腋窝和腹股沟。

行吧。那我们还可以行走，还能讲话。我们还会使用工具，并且我们可比它们聪明多了。

没错，我们确实更聪明。其他灵长类动物也不会说话。但我们并不是唯一可以用两条腿走路的动物，也不是唯一会使用工具的灵长类动物。只是我们做得比其他物种好而已。

真的吗？除了我们之外，还有会走路和使用工具的猿类吗？

当然有。仔细想想，这其实很有道理。毕竟，我们已经知道在白垩纪末期，地球上唯一的哺乳动物，是在生病的恐龙脚下奔跑的像小鼩鼱一样的动物。而6500万年之后的今天，我们是会走路、会说话、会使用工具并且超级聪明的哺乳动物。因此，我们肯定是在这两个时间点之间进化出这些特征和能力的。如果我们通观灵长类动物的发展史，通过观察至今还在我们身边的灵长类动物，就能明白这一切是如何发生的了。

那到底是怎么发生的?

我还以为你不会问我这个问题呢……

那些四条腿的、小鼩鼱一样的哺乳动物中的一些进化成了类似黄鼠狼的小古猫，最终成为食肉目动物。其他的则进化成有蹄类动物（比如马），有牙齿的啮齿动物（比如兔子），有鳍的海豚、鲸鱼以及蝙蝠。

但有一群动物选择了生活在树上，进化出了更长的四肢和可以抓握的手，让它们可以在高大的树枝之间跳跃和攀爬。这些动物看起来就像今天的原猴亚目，其中包括狐猴、懒猴和丛猴。

这类动物就是最早的灵长类动物。它们和我们一样也有相对的拇指，这意味着它们可以抓握树枝，可以抓着水果吃。

这又怎么了，松鼠也会。

松鼠不吃水果。

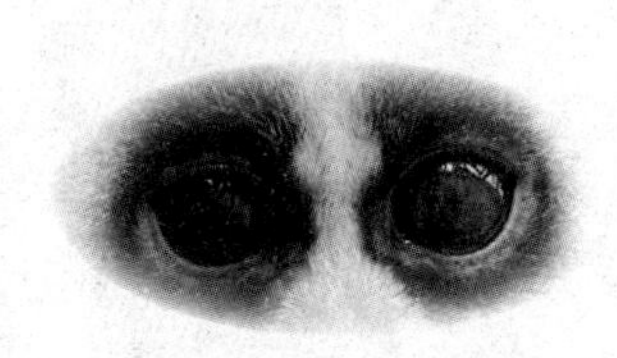

你知道我什么意思。

行吧行吧。如果这一点不让你觉得很厉害，那再看看这个。狐猴和懒猴也有两只很大的、朝向前方的眼睛，这给了它们重叠的、有立体感的视觉。这样的眼睛可以让它们准确地判断树枝之间的距离，这很显然在你要跳下去生存的时候很有用。狐猴有时也会用两条腿直立跳跃。

不错。但那也不是直立行走和使用工具。这样的能力只有人类独一份。

猴子和猿要有这样的能力的话，那我们得再等上300万年。3500万年前，猴子、大猩猩和人类的祖先在非洲、亚洲和南美洲的原始森林中摇摆着，用指关节行走。

由于大脑、眼睛和四肢更发达，这些动物学会了以更复杂的方式使用它们的手，发展了手的灵活性。其中一些最终成为猴子、狨猴和长臂猿，它们待在树的高处，以水果为食，避开地面上的捕食者；而其他的则进化成了人科动物（或类人动物），其中包括了大猩猩、黑猩猩、红毛猩猩和人类。

类人动物都有很大的脑袋、灵巧的手，以及制造和使用工具的能力。

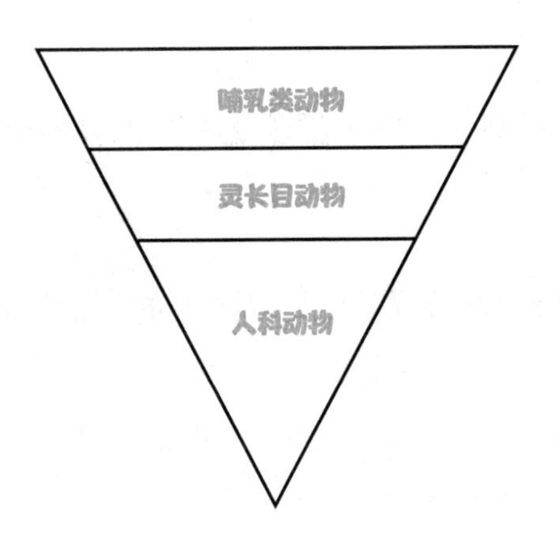

不行！黑猩猩用什么工具？

其实，黑猩猩会制作和使用很多工具，包括岩石（用来敲开坚果）、棍子和石头（用来抵御豹子和其他对手）以及细树枝（用来从树洞和白蚁丘中捕捉昆虫和小毛虫）。

尽管大猩猩和红毛猩猩在野外不常使用工具，但如果在圈养环境中遇到与食物有关的问题时，它们也会使用许多和黑猩猩相同的工具。大猩猩、黑猩猩和红毛猩猩在经过训练之后也能很容易地学会行走。在野外，森林中茂密的灌木让它们无法站立，所以它们主要是用指关节行走。

哇！这可太厉害了。但它们还是不能像我们一样行走或讲话。

没错。大猩猩和黑猩猩的能力是有限的。这是因为我们有一个非常重要的东西，而它们没有——一个被称为大脑皮层的大脑外层区域。正是这一点使人类和其他灵长类动物真正区别开来，并且这在所有哺乳动物当中是独一无二的。

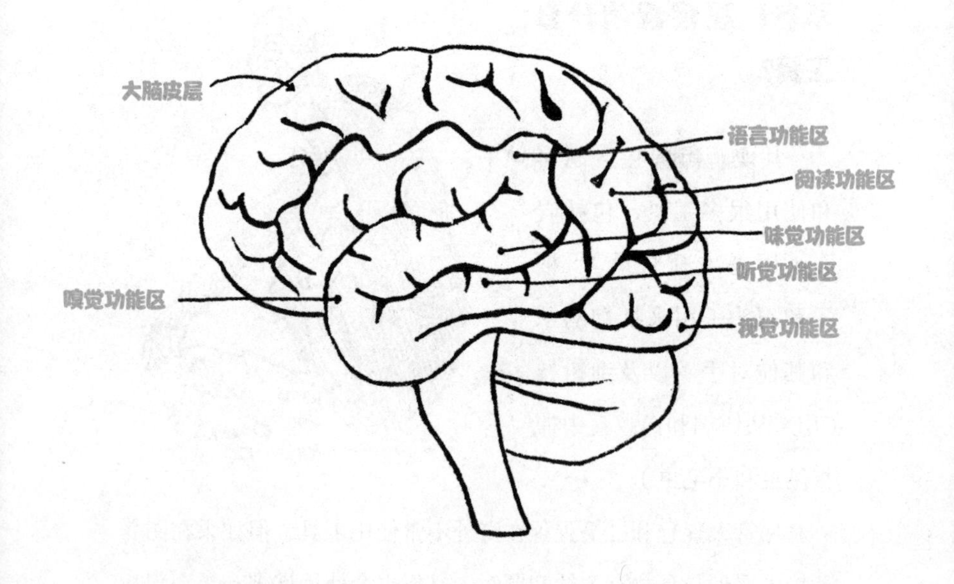

在大约500万年前，我们的祖先从黑猩猩和倭黑猩猩（侏儒黑猩猩）的祖先中分离出来。就是在这时，它们的大脑经历了一次生物大爆炸。

从南方古猿到能人、直立人，最后再到我们的物种智人，大脑变得越来越复杂。随着大脑外部区域的发展，以及其他部分的重新布局，我们开始发展出越来越复杂的身体控制形式，其中包括高度发达的发声肌肉的控制，这让后来的我们能够说话和交流。

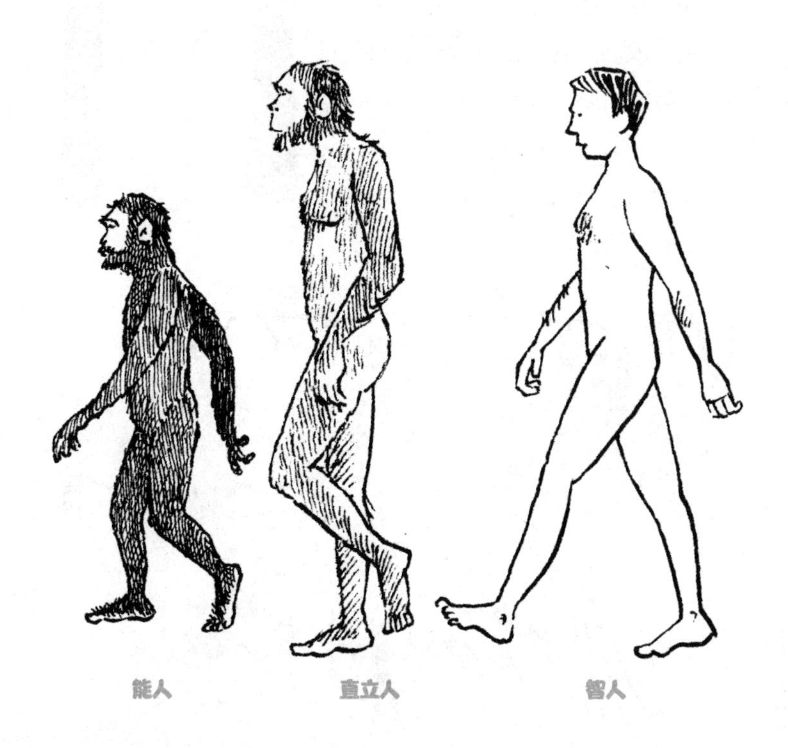

小知识——脑部“大爆炸”

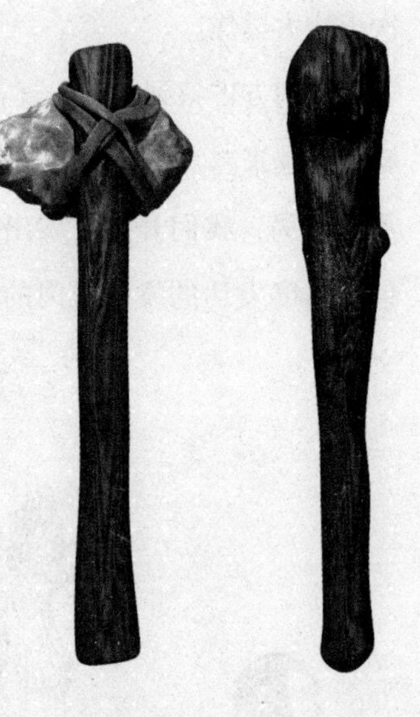

我们也不能确定是什么引起了头脑的“大爆炸”。好像有什么东西驱使大脑以新的方式扩张和发展。这给了我们的祖先生存的优势。可能是双腿平衡、走路、跑或跳对人体产生了更复杂的运动（或运动技能）的需求，可能是为了制作斧头和矛这样的工具而需要开发手部的灵巧度，还可能是在打猎或教授别人制作武器时需要进行交流。后来，我们的大脑得到了充分的发展。我们开始唱歌、跳舞、制作简单的艺术品，比如洞穴壁画或木质雕像。或许这个时候的女性会更喜欢能歌善舞和能制作出好看的艺术品的男性，这样一来，自然选择就会选出容量更大、更有创意的大脑。

大脑是我们真正独特的地方。但同时，认识我们和其他类人猿的相似之处，能提醒我们在很多方面和它们是一样的。

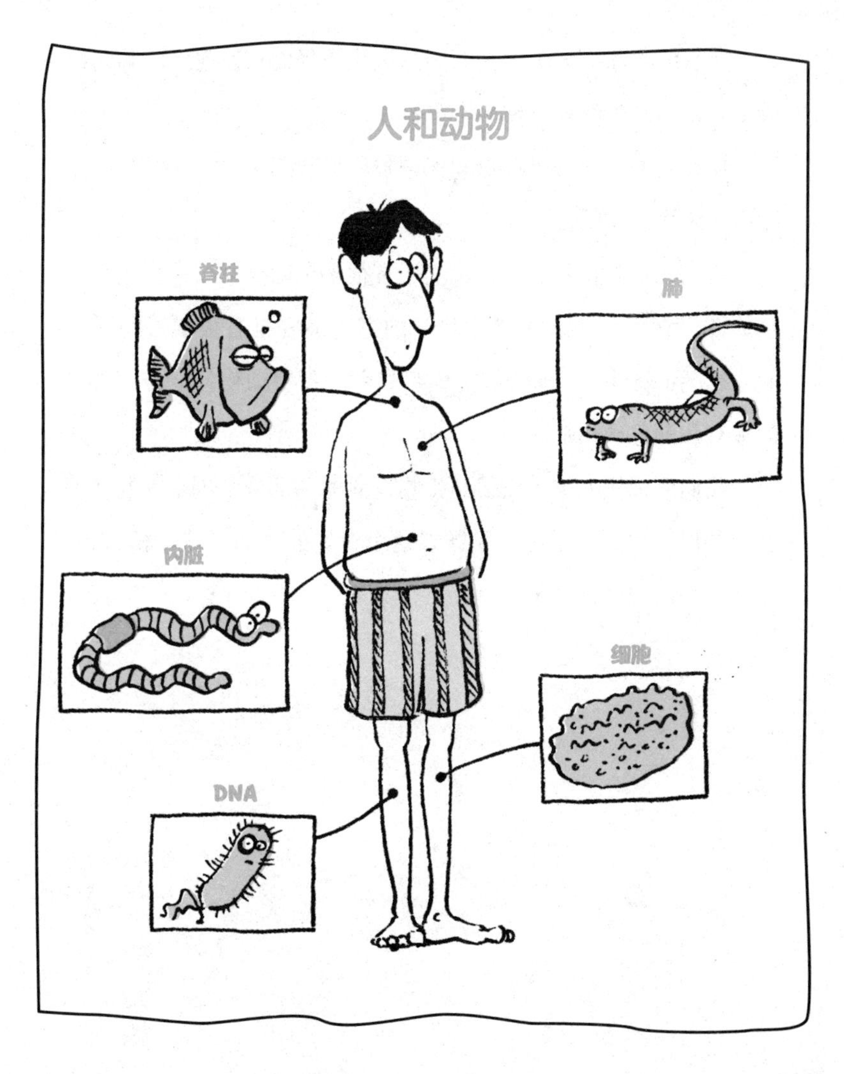

我希望现在你能看到我们和动物界的联系有多深：我们和两栖动物都有肺泡，和鱼一样有脊柱，和蠕虫一样有内脏，和海绵一样有细胞，和在我们身体里和周围生活着的数以亿计的细菌一样都有DNA。

所有的生命形式都因为共同的进化历程而相互连接，共同组成一个奇妙的生物联合体。

现在我们要学习、尊重和保护各种形式的生命，这样我们才能在未来也彼此陪伴。

所以，不要止步于此，我们还有很多东西要学！在当地和学校的图书馆搜索更多关于生物学的书（最好是有很丰富的图片的、有趣的图书）。加入保护组织如世界野生动物基金会，来保护稀有和濒危动物吧。

我们要记住人类不仅仅是生物世界的一部分，更是它的守护者。所以，倾听、学习并照顾好这个奇妙的动物星球。相信我，你会很高兴你这么做了。

参考答案

第35页　给动物分类

脊索动物门（有脊柱的动物）

哺乳纲

灵长目　黑猩猩科（3）人科（2）

食肉目　熊科（5）

啮齿目（7　9）

爬行纲（10）

两栖纲（6）

节足动物门（腿部有关节的动物）

昆虫纲（8）

甲壳纲（4）

第37页　发现杂交动物

狮虎、美洲豹狮、亚考牛、斑马马、斑马驴是真正的杂交动物

第54页　秘密武器

鬣狗/牙齿，老虎/爪子，疣猪/长牙，野山羊/角，蝙蝠/超声波，枯叶螳螂/伪装，臭鼬/化学喷雾，眼镜蛇/致命毒液，穿山甲/盔甲

第80页　找出怪虫

1. 马陆（其余为昆虫）

2. 盲蛛（其余为蛛形纲动物）

3. 乌贼（其余为甲壳纲动物）

4. 海星（其余为节肢动物，是的，藤壶也是！）